"十四五"时期国家重点出版物出版专项规划项目

主编：傅诚德 | 副主编：高瑞祺 章卫兵

走进石油（第二版）

Touch the Petroleum

地下石油见青天
—— 石油开采

吴 奇　闫建文
何旭鹢　刘 哲　等编著

石油工业出版社

图书在版编目（CIP）数据

地下石油见青天：石油开采 / 吴奇等编著 . —北京：石油工业出版社，2023.12

（走进石油：第二版）

ISBN 978–7–5183–6029–1

Ⅰ . ①地… Ⅱ . ①吴… Ⅲ . ①石油开采 Ⅳ . ① TE35

中国国家版本馆 CIP 数据核字（2023）第 161243 号

出版发行：石油工业出版社

（北京安定门外安华里2区1号　100011）

网　　址：www.petropub.com

编辑部：（010）64523537　　图书营销中心：（010）64523633

经　　销：全国新华书店

印　　刷：北京中石油彩色印刷有限责任公司

2023 年 12 月第 1 版　2023 年 12 月第 1 次印刷

710×1000 毫米　开本：1/16　印张：12

字数：150 千字

定价：60.00 元

（如出现印装质量问题，我社图书营销中心负责调换）

版权所有，翻印必究

《走进石油》（第二版）

丛书编委会

主　任：匡立春

副主任：傅诚德　江同文　雷　平

委　员：李　宁　苏义脑　胡文瑞　黄维和　徐春明　邹才能
　　　　高瑞祺　王大锐　吴　奇　胡　杰　何盛宝　马宝金
　　　　闫伦江　王　震　曾　萍　李俊军　张　镇　王雪松
　　　　章卫兵

丛书编写组

主　编：傅诚德

副主编：高瑞祺　章卫兵

成　员：（按姓氏笔画排序）

　　　　马新福　王长会　方　可　丛者峰　吕焕通　刘明明
　　　　闫建文　李　中　李　欣　张贺恩　陈朋超　武宏亮
　　　　周英操　庞奇伟　孟祥海　胡才仲　娄舒洁　崔玉波
　　　　葛稚新　谢水祥　潘玉全

序（第二版）

石油和天然气作为世界主要能源和优质化工原料，是当今社会经济发展中最重要的生产力要素之一。目前，世界能源消费结构份额中，石油占比最大，石油与天然气占比合计超过一半。一个国家对石油和天然气的拥有量和占有量已成为其综合国力的重要标志。半个世纪前，美国前国务卿基辛格博士曾说，谁控制了石油，谁就控制了所有国家。石油的供需状况不仅在相当大的程度上直接影响一个国家的经济稳定和战略安全，而且往往成为影响一个地区乃至全球政治经济秩序的重要因素。

当前，以可再生能源+能源互联网为核心的第三次工业革命正在快速推进，大力发展可再生能源已成为全球能源革命和应对全球气候变化的普遍共识。在国家"碳达峰、碳中和"目标背景下，石油工业面临能源结构调整的巨大压力，也迎来了推进绿色低碳转型和能源科技创新的时代机遇。据多家权威机构预测，石油和天然气仍然是人类近50~100年的主导能源，世界各国继续把发展石油和天然气，保持和增加对其拥有量和占有量作为重大战略问题。科学技术越发成为保障国家能源安全，提升石油行业竞争力的重要手段。

科技创新、科学普及是实现创新发展的两翼。许多伟大的科学家和创新者都是通过科学普及这扇大门进入神秘的科学世界。为了让国内外更多读者了解石油、走进石油，2006年由中国石油学会科普教育委员会和石油工业出版社共同组织出版了《走进石油》科普丛书。丛书由傅诚德教授主编，侯祥麟、田在艺两位院士作序，出版后受到我国石油科技界和社会大众的广泛支持和欢迎。

近年来，世界石油科技突飞猛进，新能源产业也在蓬勃发展，新理论、新方法、新工艺层出不穷，大数据、云计算、人工智能等新技术与石油工业的融合日趋紧密，因此亟待向业内和社会大众推广和普及。《走进石油》（第二版）在第一版10个分册的基础上扩充到15个分册，条目由600多条增加到1200多条，涵盖了石油石化行业完整的知识链，内容新颖，图文并茂，是一套兼具科学性、通俗性和趣味性的科普丛书。读者看到的不仅仅是一个又一个知识闪光点，还将回眸石油科技创新和发展的非凡历程，感受科技工作者创新创造的科学家精神，触摸石油工业无比璀璨的未来。

在此，谨对《走进石油》（第二版）的出版表示热烈祝贺。我相信，随着这套丛书的出版发行，一定会有更多的读者以此为阶梯，迈向石油科学技术的高峰。

时任中国科协党组书记、分管日常工作副主席、书记处第一书记
现任国务院国有资产监督管理委员会党委书记、主任
中国工程院院士

▶ 编者的话

　　石油，顾名思义，就是石头里产出来的油。和煤、铁、铜、金等矿藏一样，石油也是一种产于地壳中的宝贵矿藏，但它以一种流体形态赋存于地下。世界上第一个提出"石油"这一科学命名的人是中国北宋科学家、曾任陕西延安府太守的沈括（1031—1095）。在他所著的《梦溪笔谈》中记载："鄜、延（即鄜、延二州，今陕西延安一带）境内有石油，旧说'高奴县出脂水'，即此也。"他还曾预言"此物后必大行于世，自余始为之"。而在国外，直至1556年才由德国人乔治·拜耳提出石油（Petroleum）一词，Petro指岩石，Oleum指油脂，二者合在一起即石油。中国沈括命名石油比西方国家早了约500年。

　　无论是作为燃料，还是以它为原料制成的各种产品，石油已经渗透到人类社会的各个领域。汽车、飞机和轮船使用的汽油、航空煤油、柴油等动力燃料由石油炼制而来，人们日常生活中离不开的塑料、橡胶制品和绚丽多彩的服装鞋帽等，都与石油息息相关。因此，石油有了"工业的血液""黑色的金子"等美誉。石油如此珍贵，不仅在改变着人们的生活，也让世界上有些国家为争夺石油资源而上演一场场惊心动魄的地缘争斗。据统计，20世纪后半叶发生的地区冲突大多与石油有关。

　　石油工业的发展和石油科学技术的进步，不仅对国家能源安全、国民经济建设和国防现代化具有重要意义，而且与全面建设小康社会以及人们的衣、食、住、行紧密相关。为了让广大读者一探石油工业的究竟，更深入地理解石油与我们生活的关系，促进石油科技知识的传播，中国石油学会科普教育委员会和石油工业出版社于2006年共同组织出版了石油科普系列丛书《走进石油》(第一版)，丛书由傅诚德教授主编，石油行业内100多位知名专家参与编写，包括《石油地质》《石油地球物理勘探》《石油地球物理测井》《石油钻井》《石油开发》《石油开采》《石油储存与运输》《石油炼制与化工》《石油经济》《石油环境保护》10个分册。中国科学院与中国工程院两院院士、中国石油学会名誉理事长、原石油工业部副部长侯祥麟先生和中国科学院院士、中国石油学会第一届科普教育委员会主任田在艺先生多次指导并为丛书作序。《走进石油》(第一版)自2006年出版以来，受到社会各界读者的广泛好评，2009年作为主要书目入选由中宣部、中央文明办、新闻出版总署主办的"全民阅读"优秀项目——中国石油"千万图书送基层，百万员工品书香"活动。丛书重印5次，累计发行7.6万余套，合计76万余册，多年来一直是中国石油远程培训的重要教材之一。

《走进石油》(第一版)出版至今已有将近20年时间。近20年来，石油科技迅速发展，计算机、互联网、物联网技术在石油工业得到全面应用，石油勘探、石油开发、炼油化工等专业技术与大数据、人工智能、数字孪生等数字技术深度融合，碳纤维等高分子材料、复合材料更深入地向多领域延伸，氢能、太阳能、核能等新能源技术和"双碳三新"目标的提出正在加速推动石油工业的转型，石油科技正在全面突飞猛进，石油行业的新理论、新技术和新方法层出不穷，因此《走进石油》(第一版)已经难以满足当前石油科技知识普及的需求。为此，2020年傅诚德教授和高瑞祺教授提议对《走进石油》(第一版)进行修订，得到了中国石油科技管理部和石油工业出版社的大力支持和积极响应。

侯祥麟院士在《走进石油》(第一版)序中强调"科学的发展和技术的创新，只有被公众掌握，才能变成巨大的生产力，才能加快科技成果向现实生产力的转化"。为了更好达此目标，使《走进石油》(第二版)内容质量和展现形式更上一层楼，丛书编委会从一开始顶层设计就集思广益，聚贤汇智，由苏义脑、胡文瑞、黄维和、邹才能、徐春明、李宁六位院士和行业权威专家分别担任15个分册的主编，150多位技术专家参与编写，20余家石油石化企业、科研院所、行业学会（协会）鼎力支持。

《走进石油》（第二版）是一套理念先进、体系完整、知识丰富的科普巨制；以1200多个知识点，构成了系统完整的石油石化知识链，并依托丰富的表现形式，为读者拓宽了"走进石油"的路径。一是对知识体系进行合理扩展：将第一版的《石油炼制与化工》分册扩展为《石油炼制》和《石油化工》两个分册，增加《天然气》《海洋石油》《新能源》《智慧石油》4个分册，全景再现了石油工业全产业链的知识景观；二是对技术亮点进行有序重构：准确把脉石油行业主体学科专业新理论、新技术、新工艺、新成果以及发展趋势，突出读者关注度较高、应用效果显著的知识点，让每一分册都能够形成主次分明、重点突出的亮点结构；三是对新兴科技进行科学展望，呈现其广阔的发展前景。

为了使《走进石油》（第二版）在第一版的基础上增强文章的科普性、趣味性，丛书编委会对编写组织和图书表现手法等进行了独特的探索。在第二版中，由技术专家与科普作家深度参与协同创作，实现了内容科学性、通俗性、趣味性的统一；首次使用富媒体技术，实现了视觉空间展现与平面阅读方式的融合；首次面向全社会征集"油博士"卡通形象，让"油博士"引领读者走进石油，实现了各分册知识板块的有机结合；首次采用系列自创插图，使读者通过插图扫除文字理解障碍，引领阅读进入"读图时代"。

《走进石油》（第二版）的出版，不仅是向社会推出的一套传播石油知识的图书，更是一项提高全民科学素质的文化工程，其意义将随着时间的推移愈显重要。特别指出的是，为了这项文化工程的如期完工，编写队伍付出了巨大的努力。在三年多的创作时间里，适逢百年不遇的新冠肺炎疫情肆虐，编写组成员克服各种困难完成了撰写任务。

在本套丛书的编写出版中，中国石油科技管理部领导给予了重要指导和支持，中国科协、中国石油学会、中国化工学会、中国石油科协、中国石油大学（北京）、中国石油大学（华东）、长江大学、西南石油大学、东北石油大学、西安石油大学、中国石油勘探开发研究院、中国石油深圳新能源研究院、中国石油石油化工研究院、中国石油工程技术研究院、中国石油安全环保技术研究院、中国石油东方地球物理勘探有限责任公司、中国石油海洋工程有限公司、中国石油数字和信息化管理部、中国海油能源经济研究院、国家管网集团科学技术研究总院、昆仑数智科技有限责任公司等企业单位、科研院所、学会（协会）和高等院校提供了大力支持，在此表示由衷感谢！石油工业出版社对本套丛书的编写出版非常重视，专门配备了最强编辑力量配合作者和丛书编写组完成稿件编写和审核，向石油工业出版社提供的支持表示感谢！最后，向在本套丛书策划、编写、审稿和出版过程中提供创意、建议和意见的专家表示感谢，也向每一位不计得失、笔耕不辍的作者表示诚挚的谢意！

社会希望了解石油，石油工业的发展需要社会的支持。希望我们精心组织编写的石油科普系列丛书——《走进石油》（第二版）能为广大读者了解石油工业提供帮助，更能为我国石油工业的发展贡献一份力量！

分册前言

石油是从哪里来的？人们又是通过什么手段把这种沉睡了亿万年的黑色矿藏变成了身价百倍的商品？本书就向您介绍石油开采全过程。当您仔细阅读本书之后，不仅会对石油开采的艰难历程留下深刻印象，对从事这个行业的人肃然起敬，而且会被石油开采过程中所采用的梦幻般的系列技术所折服。

本书共分六篇，概括了当前世界石油开采的通用技术，叙述了把石油从地下采出的全过程，是一本适用于关心石油并对石油工业有兴趣的人士阅读的科普读物。

本书由中国石油天然气股份有限公司原勘探与生产分公司党委书记、副总经理吴奇和中国石油勘探开发研究院闫建文教授领衔编写。在前人的基础上，结合最新技术进展，吴奇、闫建文牵头制定了详细的编写提纲和编写计划。中国石油勘探开发研究院闫建文、刘猛编写了第一篇、第二篇；闫建文、刘哲、杨立峰编写了第三篇、第六篇；闫建文、何旭鵪编写了第四篇、第五篇。中国石油勘探开发研究院信息技术中心张杰绘制了书中全部插画。

中国石油勘探开发研究院李文阳教授、张虎俊教授、窦宏恩教授、吴淑红教授、陈东高级工程师，中国地质大学（北京）刘鹏程教授，北京一零一中石油分校语文教师杨静、任婧等多位专家、学者、老师对全书进行了审读并提出了很好的建议。中国石油勘探开发研究院首席专家裴晓含教授对全书进行了专业审核把关。吴奇、闫建文对全书进行了统稿和最终定稿。

编写过程中，中国石油勘探开发研究院、大庆油田、吉林油田、华北油田、新疆油田、青海油田等单位的技术专家在视频拍摄、图片获取、动画制作等方面给予了大力支持，在此一并表示感谢。感谢中国石油科技管理部，感谢所有给予支持和帮助的同志们。

向为第一版付出艰辛努力的马双才等老一辈石油科技工作者致以崇高敬意，向丛书编委会的全体专家致以崇高敬意，特别向傅诚德教授、高瑞祺教授的辛勤付出和精心指导表示衷心感谢！

由于作者都是长期从事工程技术研究的专业技术和管理人员，且在第一版的基础上进行创作，限于作者科普和创作水平，难免有许多不妥之处，敬请广大读者多提宝贵意见。

目录 Contents

一　采油采气学问大 / 001

　　石油和天然气是一种深埋在地下的化石燃料矿产，是有机质在漫长的地质历史时期内堆积、埋藏、演化后形成的。那么地下的石油和天然气是怎么被采到地面上来的呢？是自己跑上来的吗？采油采气这一过程，涉及渗流力学、流体动力学、机械力学、热力学等多个学科，这里面的学问大着呢！

1.1　地下埋藏的石油是油海吗？　/ 002

1.2　复杂的井筒工程　/ 005

1.3　在井底向地层射击　/ 008

1.4　长在地上的采油树　/ 010

1.5　"地气十足"让石油主动跑出来　/ 014

1.6　人工举升把石油"请出来"　/ 017

1.7　"磕头机"忙个啥？　/ 022

1.8　气体也能把井筒里的石油"吹"上来　/ 025

1.9　从一次采油到三次采油　/ 028

1.10　稠油开采不再"愁"　/ 031

1.11　地下油层"烧"起来　/ 034

1.12　有一种原油可以做雕塑　/ 036

1.13　油管内壁会结蜡　/ 039

1.14　油管要防垢清垢　/ 041

1.15　油管防腐不可缺　/ 042

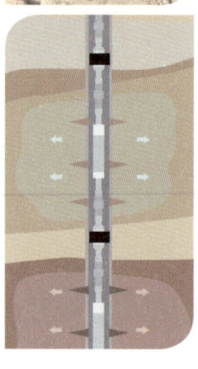

1.16　无人值守的采油井场　/ 044

1.17　工厂化作业的采油大平台　/ 047

1.18　天然气是怎么开采出来的？　/ 049

1.19　气井出气也出水　/ 051

1.20　天然气的"酸""甜"口味　/ 054

二　水与蕴藏石油的石头纠缠　/ 057

　　从采油的历史来看，采油工作就是与石头"较劲"，并一直围绕着油与水的矛盾做"斗争"。为了"油"，对蕴藏石油的石头下"狠手"用"毒招"。在众多的采油方法中，注水驱油法最经济也最有效，分层注水技术的发明在石油开采史上是一个重要里程碑。

2.1　采油井的亲密伙伴——注水井　/ 058

2.2　石油靠高压水来驱替　/ 061

2.3　注入油层的水从哪儿来？　/ 063

2.4　油田注入水质堪比饮用水　/ 065

2.5　水是怎么被注到油层的？　/ 067

2.6　分层定量注水　/ 068

2.7　分层注水量是怎么确定的？　/ 071

2.8　注入水踪迹侦查员　/ 074

2.9　水井井筒要清洗　/ 076

2.10　注水井也用上了人工智能　/ 078

2.11　注入水中添加聚合物　/ 081

2.12　注入水中添加洗油剂　/ 083

2.13　变废为宝：二氧化碳地下换石油　/ 085

三　物理与化学携手促油气增产　/089

油井的产量有高有低，差距之大可以说是天上地下。为了高产、高效益，并尽可能在短时间内采出更多的油气，石油科学家和工程师想出物理法、化学法，拿地下石头说事，向储油的石头开刀，十八般武艺齐发力。

3.1　怎样使油井多产油？　/090

3.2　把地下岩石劈开裂缝　/092

3.3　小砂粒构建油流高速通道　/094

3.4　压裂后"自动消失"的压裂桥塞　/096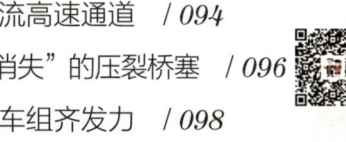

3.5　几十台大块头车组齐发力　/098

3.6　高压气体也能把地层劈开缝　/101

3.7　用酸溶蚀储层也可以增产　/102

3.8　油井井底防砂办法多　/104

3.9　油井出水的堵和疏　/106

四　油井也要做诊疗　/109

"人吃五谷杂粮，也生百病"，生病就要检查医治。而油田开发到一定期限之后，由于地层出砂、堵塞，导致设备和工具出现结蜡、结垢、磨损、腐蚀、断裂等，油井会生各种各样的"病"，也需要做诊疗。

4.1　油井的寿命有多长？　/110

4.2　油气井也会"生病"　/112

4.3　油井的小修和大修　/114

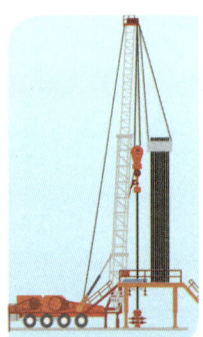

4.4　十八般修井"兵器"　/ 116

4.5　修井的"大力士"　/ 118

4.6　给油井做检查的"胃肠镜"　/ 120

4.7　压井是安全修井的"撒手锏"　/ 121

4.8　在套管上"重新钻井"　/ 123

4.9　连续油管有多长？　/ 124

4.10　井口着火真危险　/ 126

4.11　绿色环保作业新模式　/ 128

五　油气水汇聚又分离　/ 131

油田上将一口口油井采出的原油汇聚到一起，通过计量站计量，在集输处理站经过稳定、沉淀、分离、脱水、脱烃等多道工序，变成合格纯净的原油再输送到炼油厂去。

5.1　油田的血管——油气集输管网　/ 132

5.2　油井产出物要计量　/ 135

5.3　采出物中油、气、水分离　/ 137

5.4　原油是如何脱水的？　/ 139

5.5　沉降罐中的原油"稳定"　/ 141

5.6　原油集输系统要除砂　/ 143

5.7　油田污水去哪里？　/ 145

5.8　油田污泥变废为宝　/ 147

5.9　天然气的净化　/ 149

六　油气家族中的新宠　/ 153

现如今页岩油、页岩气、致密油、致密气、煤层气、油砂、天然气水合物等非常规油气成为油气家族的新宠，它们改变着世界的能源格局，其开采工艺各具特点，新技术如雨后春笋般不断涌现。

6.1　非常规油气知多少？　/ 154

6.2　北美页岩气革命　/ 156

6.3　中国第一口页岩气井　/ 158

6.4　打开致密油气藏的"金钥匙"　/ 160

6.5　页岩油大"甜点"　/ 161

6.6　地下原油流动的"高速路"　/ 163

6.7　滑溜水的神奇功效　/ 165

6.8　煤层里的"瓦斯"是个宝　/ 167

6.9　千年用不尽的可燃冰　/ 169

6.10　"深海一号"打开海洋宝藏之门　/ 172

参考文献　/ 174

一　采油采气学问大

何为"采"？"采"字，有摘取、搜集、开采、挖掘、选取之意，其中开采、挖掘，有采矿、采煤、采盐之说，《旧唐书·食货志》云："采铜铸钱。"就采油采气而言，意即依靠油气藏本身或人工补给的能量通过油气井把原油、天然气从地下举升到地面的工艺过程，这一过程是一门综合性应用学科，涉及渗流力学、流体动力学、机械力学、热力学等多个学科，学问大着呢。许多人可能认为，石油藏在地下，就像一片"油海"，开采石油是把石油从"油海"中抽上来。然而，石油全部藏在岩石的微小缝隙中，科技手段的不断进步在油气开采中发挥了重要作用。采油工程技术研究始于19世纪中叶，兴于20世纪，这是人类的创举，油气的开采打开了地球深处宝藏的大门，使地下油气见到光明。

1.1 地下埋藏的石油是油海吗？

海指大洋靠近陆地的部分，有的大湖也叫海。"海"也用作比喻连成一大片的很多同类事物，比如人海、火海、林海、油海……油海这个词大家一定很感兴趣，可是遍查各类辞书，都没有查到"油海"一词，这并不奇怪，因为"油海"是文学家造的一个词，"油海"非海，而是用来指大油田，比如波斯湾地区因石油储量丰富而被称为"地下油海"，国内在松辽盆地发现的大庆油田也被称为油海。

大油田被称为油海，埋藏石油的地方真的像文学作品中描述的那样是一个地下油海吗？

答案是否定的！石油地质学家肯定地告诉你：地下根本就不存在这样的油海。既然地下不存在储存石油的油海，那么石油又是以什么状态存在于地下的呢？

石油和天然气是一种化石燃料矿产，是有机质在漫长的地质历史时期内堆积、埋藏、演化后形成的，据推算，石油形成于四万万年前。石油和天然气都是流动的物质，现在我们所发现的油气田，并不一定就是这些矿床生成的原始层位和位置。石油和天然气都深埋在地下，勘探工作所获得的各种地质和地球物理信息，都要通过石油地质学家的综合分析和推理研究来认识。

要想搞清楚地下石油储存的形式，我们首先要搞清楚地层深部的各种岩石的形态和地下流体存储空间。

地层深部由各种岩石构成，地质科学家对地下岩石进行了分类，主要包括沉积岩、火成岩，以及由沉积岩、火成岩经变质作用所形成的变质岩三大类。这三类岩石中都有可能蕴藏着或多或少的油气。

沉积岩中含有丰富的矿产，约占世界上全部矿产蕴藏总量的80%，石油、天然气就主要储存在沉积岩中。

石油、天然气储存在地下的岩石中，大面积的地下岩层储存了丰富的油气，储集石油的储层被称为油藏，储存天然气的储层被称为气藏，在一个储集空间里既有石油也有天然气的储层被称为油气藏。根据储层特征、构造类型和油气特性，地质家将油气藏又划分为构造油气藏、地层油气藏、岩性油气藏等三大类型（图1.1）。

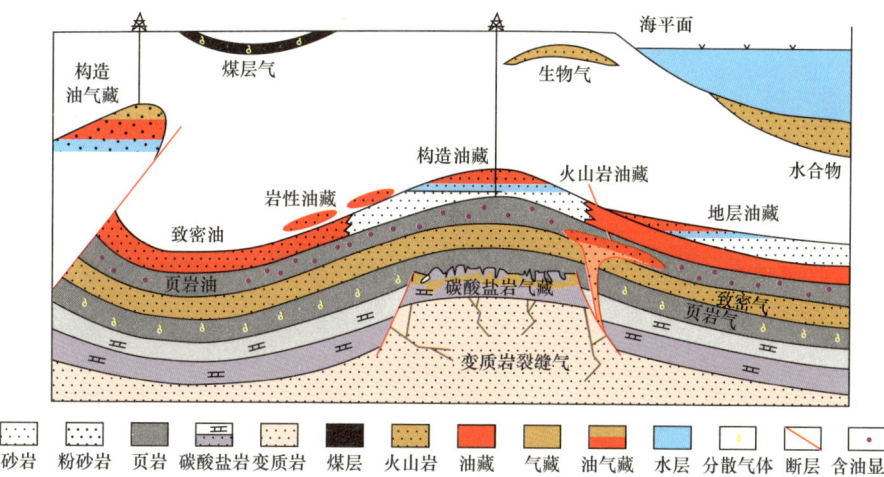

图1.1 地下岩层和油气藏类型模式图

无论是裸露在地表还是在地层深处，岩石都存在孔、洞、缝等，这些孔、洞、缝为保存石油提供了空间。通过取岩石样品观察，有的岩样中缝洞肉眼可见，有的需要通过放大镜、显微镜、扫描电子显微镜放大几倍、几十倍甚至几千倍，才可以观察到。石油工业领域，将这种存储油气的地层称为油气储层，将岩石称为"地下岩石多孔介质"（图1.2）。

地下岩石多孔介质的孔、洞、缝的数量多少和空间大小决定了其本身的储容性和其中流体的可动性。孔、洞、缝数量越多，空间越大，储存流体的空间越大；孔、洞、缝连通性好，渗透率就大，流体可动性就好，也就易于流动。地下油气储层中的油气的流动，绝不像江河湖海中水的流动那样汹涌澎湃、波光粼粼，而是像海绵中的水一样，需要外力通过渗透、汇聚等方式才能将其

> **小贴士**
>
> 渗透率是指在一定压差下，岩石允许流体通过的能力，是表征土或岩石本身传导流体能力的参数。单位：平方微米或达西。

图 1.2 地下储层岩石微观结构示意图

挤出来。油气开采就是利用岩石的渗流特性，通过外力或自身弹性力、膨胀力、重力、毛细管力等一种力或几种力合力的作用，驱使油气流入井底，采出地面，这需要用到很多专业技术和工具，才能将地下岩石中的石油开采出来。

既然地下不是油海，因此大家也就不用担心，我国各大油田地下的原油不会像海水一样在地下滚滚流动，更不会越过边境流向国外。

1.2 复杂的井筒工程

介绍井筒工程之前，我们先来认识一下什么是"井"？井是从地面往下凿成的能取水的深洞。井的产生，与古代先民的生产和生活密不可分，古人用于捕捉野兽的陷坑是最原始的"井"。随着新石器时代的到来，农耕文明开始萌芽，当人类远离河流、湖泊等水源时，开始有了井的雏形。经过长期的演化，发展到今天，井的类型可以说是五花八门，用途也十分广泛。从井的名称可以窥见一斑，常见的井有矿井、盐井、水井、卤井、储物井、沼气井、探井、野猫子井、采油井、注水井、采气井、注气井、水源井、地热井、科学探索井、电缆井、试验井、检查井等。

对于深埋在地下的油气，想要顺利采出，需要建立油气流动的通道，也就是钻个井眼。油气作为化石能源，深埋于地下，不易被采出地面，那么就必须建造可供油气流至地面的顺畅、安全、坚固的流动通道，这种通道在石油工程上被称为井筒。

这里需要了解钻井和完井两个概念：建造井筒的工艺过程叫作钻井，为满足不同性质的油气开采需要而选择性地将地层与井筒连通的工艺过程叫作完井。通过钻井、完井，布置好井筒，就建成了油（气）井。

人们常说："上天容易，入地难！"其实这两件事都是人类的梦想。人类在不断地寻求突破，上天入地都已成为现实，纪录也不断地被刷新。因为油气储藏在地层深处，油气埋藏有多深，井筒就要打多深，世界上最深的井已经超过地球上最深的海沟——马里亚纳海沟的深度，我国钻探最深的井也已经超过珠穆朗玛峰的高度。2022年10月20日，阿布扎比国家石油公司宣布，在其Upper Zakum油田UZ-688井创造了国际最深油气井的新纪录，井深15240米，相当于入地30多里。

钻井施工过程中，在高温、高压等复杂多变的状况下，会钻遇各种坚硬的岩石，同时井筒井眼尺寸小，作业空间受限，要在井下下入各种工具，需要开展动态测试和监控，此外还会遇到各种不可预知的事故，由此可见，钻井工程是很复杂的工作。

由于地层条件复杂，从地面往地下钻进往往要经过松软的地表泥土层、地下浅水层、漏失层、坍塌层、高压油气水层等。为保证井眼能顺利钻到目的层，达到设计深度，就需要在钻井过程中根据地层情况下入钢管，并用水泥将钢管与地层固结在一起，从而将相应的复杂地层与井筒之间加以封隔，然后从下入的管子中继续向下钻进，直到钻遇油气储层。

在钻井过程中，井眼中下入的第一层钢管叫导管，其作用是建立最初的钻井液循环通道，保护井口附近的地表层；下入的第二层钢管叫表层套管，其作用是封隔上部不稳定的松软地层和浅水层；下入的第三层钢管叫技术套管，其作用是防止地层失稳和坍塌；下入的最后一层套管称为油层套管，其作用是封隔油气水层，建立一条可供长期开采油气的通道。为了避免由于同时打通高低压层可能带来的地层渗漏或井喷事故，每钻过一段复杂地层都需要调整钻井液密度，并下一层技术套管。因此，地层越复杂，下入的技术套管层数越多，井眼的直径也就会越来越小。油层套管的下入深度取决于油层深度和完井结构，其内径尺寸要便于下入油管柱，从

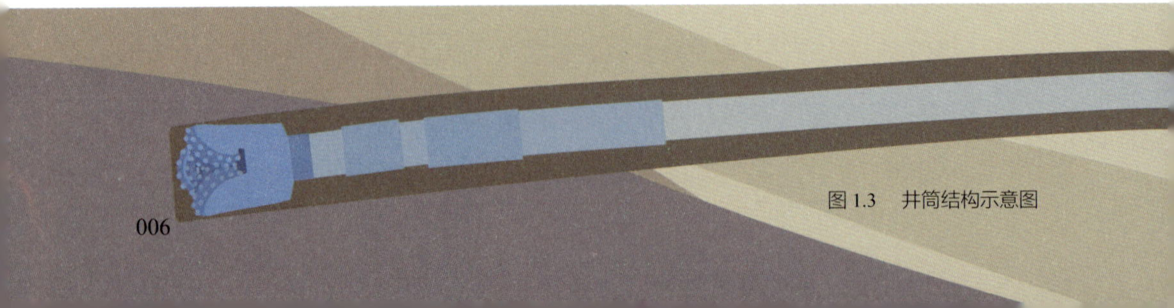

图1.3　井筒结构示意图

而满足安装采油设备进行油气开采的需要（图 1.3）。

现在我们来看一下井筒井眼直径和井深范围。工程上以油层套管直径为准将井眼分为小井眼、常规井眼、大井眼，尺寸可以从 100 毫米到 508 毫米，目前已形成系列的规范尺寸。一般小于 114 毫米的井眼被划分为小井眼。按深度划分为浅井（小于 2000 米）、中深井（2000～4500 米）、深井（4500～6000 米）、超深井（6000～9000 米）、特超深井（大于 9000 米）。

油气储层的多样性，也使井筒类型多种多样，既有传统的直井、大斜度井，也有采用现代钻井技术钻出的水平井、多分支井、鱼骨刺井，而水平井又有阶梯式水平井、拱形水平井、成对水平井、三维螺旋式水平井。水平井的水平段长度、轨迹可以实现精准控制，穿越多个油气层的长度可超过万米。

钻井过程中，在井筒中下入各级钢管后，仅仅是建成了井眼，还不能进行油气开采，在开采之前还有一道重要的工序要完成，就是完井工程，也就是使井底和油

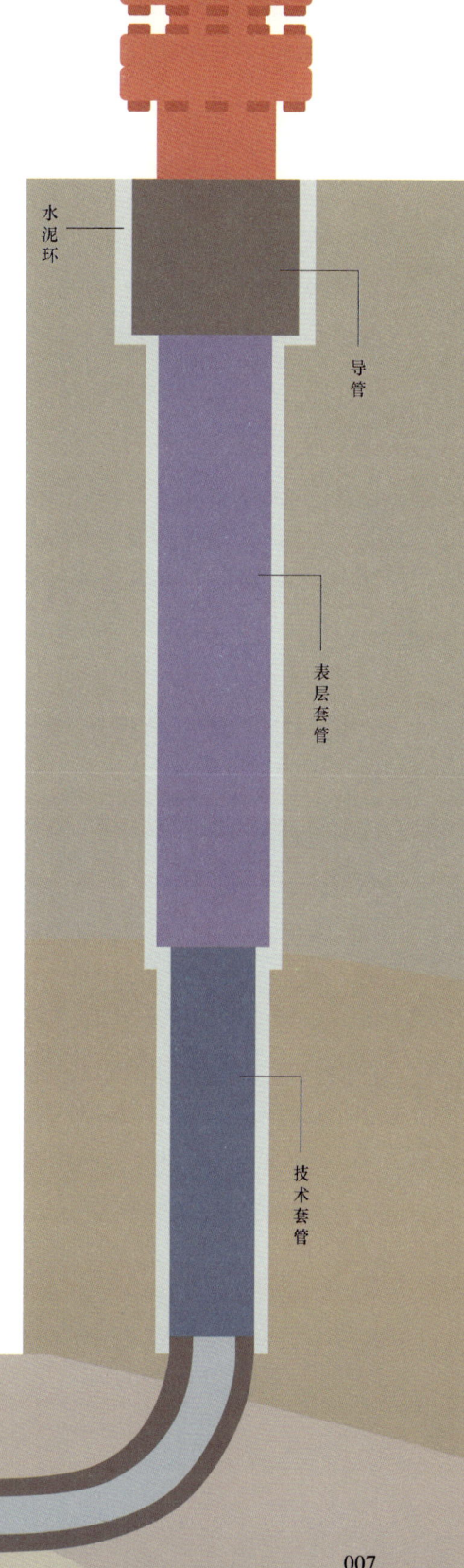

层以一定结构连通起来的工艺过程。完井是钻井工作的最后一个重要环节，同时也是采油工程开始的环节，此后将与油气开采、注水及整个油气田的开发紧密相连。因此，油气井完井质量的好坏直接影响到油气井的生产能力和使用寿命，甚至关系到整个油气田能否得到合理有效的开发。

通常选择完井方法会因油气井所处地理区域、地质构造、储层层位、井型方式、储层岩石性质、地下流体性质等不同而有所不同。完井方法包括射孔完井、裸眼完井、割缝衬管完井、砾石充填完井等。

经历了钻井、完井工艺过程，并有序无误地安装好井筒内的各种工具和井口装置，油气井也就可以进入投产阶段了。

1.3 在井底向地层射击

一说到射击，大家第一时间一定会想到打靶训练、战场枪战或者是反恐精英（Counter Strike）游戏，场面一定是激烈、紧张、火爆甚至凶险的。

在井下向地层射击是怎么回事呢？这的确是发生在地下的真实射击，而且火药味十足，石油工程上把射穿套管、水泥环和地层的作业过程叫作射孔，被称为油气勘探的"临门一脚"，它是在物探、钻井、测井、固井等工序后，利用射孔弹迸发出的高能金属射流，穿过层层障碍，建立油气产出的通道（图1.4）。这一脚踢得好坏，对于地下油气资源的采收率尤为关键。因为，射孔孔道越大越深，沟通的地层孔隙与裂缝就越多，就像拧开了藏在地下岩层缝隙中的微小油气开关，拧开越多，油气产量就越大。

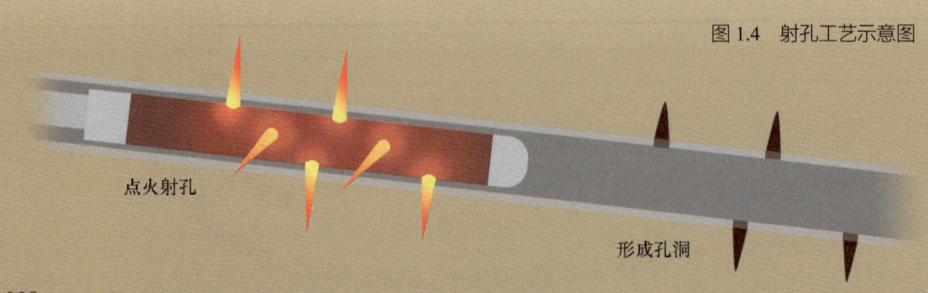

图1.4 射孔工艺示意图

现场射孔作业时将作业车开到井场，用电缆或油管将专用的井下射孔器下至地下目的层位置，射孔层位深度由数控射孔仪测试确定后，通过机械、电子或水力等方式引爆射孔弹，高能喷射的金属粒子流将套管、水泥环和地层射穿，形成油气流入井筒的通道。射孔完成后，可进行试油或投入生产。

射孔作业与射击一样，需要有枪、子弹和靶子，还要有激发手段，这里的靶子就是套管、水泥环、地层，有四项几何参数是考察射孔效果的重要指标，包括：（1）射孔孔深，是指射孔孔眼穿透地层的深度；（2）射孔孔密，是指每米的射孔孔眼数目；（3）射孔孔径，是指射孔孔眼的直径；（4）射孔相位，是指相邻射孔孔眼之间的角位移。

从工艺上讲，射孔包括射孔枪输送方式、射孔枪引爆方式、射孔压差控制、射孔深度控制、射孔设备选择、施工安全与环保等。

这里重点介绍射孔枪，这种枪不同于我们常见的手枪、步枪、冲锋枪、机关枪，它是在油田射孔作业中，装配射孔弹等火工品并发射射孔弹的专用设备，又称射孔器。射孔枪由枪身、弹架、枪头、枪尾和密封件等组成。根据射孔方式不同可分为子弹式射孔枪、聚能射孔枪和复合射孔枪三种。子弹式射孔枪一般用于软地层射孔，优点是结构简单，缺点是孔道浅并且末端易被子弹堵塞，射孔后套管内壁会产生严重毛刺，对后期作业措施有一定影响。聚能射孔枪利用聚能射孔弹引爆后产生的高温高压高速聚能射流完成射孔作业，现场采用最为广泛。复合射孔是指射孔与高能气体压裂一次完成的作业，又称增效射孔。

射孔弹是射孔枪中最核心的部分，是专用火工品之一，其技术性能直接影响射孔主要参数——孔径和孔深的具体指标。聚能射孔弹使用最广泛，射孔效率最高，其结构主要有金属弹壳、主炸药、起爆药和药形罩。弹壳多为钢壳，主炸药是形成聚能射流的能量来源，为高能固体炸药；起爆药与主炸药为相同类型的炸药，灵敏度更高，用于引爆主炸药；药形罩一般为锥形，作用是在主炸药爆炸后产生射流束，形成射孔孔道。

射孔弹打开地层油气通道视频

聚能射孔弹按用途可分为有枪身聚能射孔弹和无枪身聚能射孔弹两大类，按耐温级别分为常温、高温和超高温射孔弹三种，按穿孔类型可分为深穿透射孔弹和大孔径射孔弹两种（图1.5）。

图1.5　不同型号的射孔弹

射孔工艺有多种分类方法：按聚能射孔枪结构方式，分为有枪身聚能射孔枪射孔和无枪身聚能射孔枪射孔；按射孔器下井方式，分为电缆输送射孔、过油管射孔和油管输送射孔；按射孔时井筒液柱压力与储层压力的压力差值，分为正压射孔和负压射孔；按与其他作业联合实施方式，分为复合射孔、射孔与投产联作、射孔与测试联作和射孔与压裂酸化联作等。每种射孔工艺都有不同的适用条件和各自的优缺点，应根据储层地质和流体特性、地层伤害状况、套管程序等条件进行选择。

1.4　长在地上的采油树

一说到树，我们可能很快就想到原始森林、花园里的小树林、林荫道旁边的大树等。油田上也有一种树，叫作"采油树"，油田钻成一口油井就会有一棵采油树。不过，这种树一旦"栽种"成功，它就会牢牢地在原地待上几年，甚至几十年，采油树不会生长，但要定期进行日常维护，比如除锈、刷漆、检测、保养等。

采油树长啥样？采油树是石油行业中对油气井口装置非常形象的一个称谓，因其具有类似树枝状结构，外形很像一棵生长在井上的树而得名（图1.6）。

采油树有什么作用呢？井筒一旦和油气层连通后，油气就会汇聚进入井筒，使井筒处于高压状态，因此，采油树起到控制和调节油气生产的作用。

采油树是阀门和配件的总成，主要由四通、油嘴、压力表及多个阀门等组成，直接安装在油井的油管头法兰之上，其作用是使油气流出井筒的过程可调可控，确保正反洗井、清蜡等各种井下作业的顺利实施，并可进行油压、温度等多种指标测试，还可通过阀门在井口进行井下采出物取样。

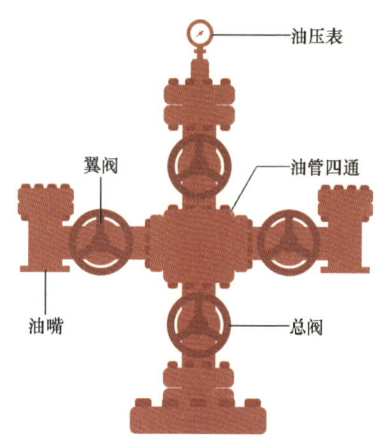

图1.6 采油树简略图

采油树上"长"了很多阀门，有总阀门、生产阀门、清蜡阀门、测试阀门、截止阀门等，不同的阀门功能不一样，阀门的多少根据生产特点进行配置。总阀门在采油树下部，用于控制油管，是油气流经采油树的唯一通道，生产时处于打开状态，只有维修时才可能关闭。采油树的作用是通过开启或关闭阀门并与地面集油管线连接，实现油气从井底到井口、井口到计量站的输送，或进行井下热洗等相关作业。

小贴士

油嘴：也称节流阀，是用于控制和调节油气井产量的装置。常用的孔径为2～20毫米，每相差0.5毫米为一个等级。油嘴的节流控制可以通过更换不同孔眼直径的油嘴来实现，也可以通过调节一个由外部控制的可变面积小孔和一个与之对应的小孔面积指示机构来实现。

采油树家族很大，根据不同生产需要，采油树结构、材质、性能也各不相同，有用于自喷井的采油树、机械采油井采油树、注水井采油树、气井采油树，还有用于增产措施作业的压裂采油树和酸化采油树。即使同一类生产井，因处于不同地理位置、不同的气候条件、不同的生产能力、不同的开采阶段,采油树也各具特色。

采油树按制造方式分为整体式和分体式。整体式采油树是将主阀门、安全阀门、清蜡阀门和翼阀等制造成一个整体,这种结构没有连接部件,结构相对紧凑,耐压能力高(图1.7)。分体式采油树是由一些阀门等独立部件组装而成(图1.8)。

图1.7 整体式采油树

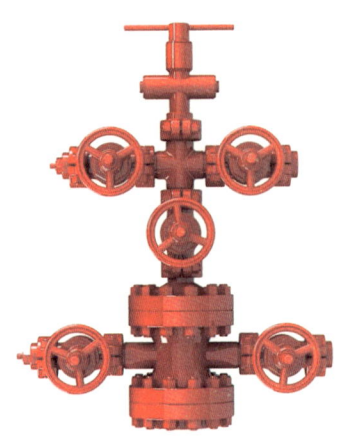

图1.8 分体式采油树

图1.9 双油管采油树

采油树按结构形式可分为单油管采油树、双油管采油树(图1.9)、三油管采油树,按连接形式可分为螺纹连接、法兰连接和卡箍连接。多油管采油树可用于多个油层同时独立开采的生产控制。法兰连接采油树工作压力系列有14兆帕、21兆帕、35兆帕、70兆帕、105兆帕、140兆帕,卡箍连接采油树工作压力系列有21兆帕、35兆帕、70兆帕。任何一种采油树使用前,必须进行液压密封试验,试验压力一般为最大工作压力的1.2~1.5倍。

一 采油采气学问大

对于气井采油树，由于井筒中没有液柱对地层产生的静压力，要求气井采油树具有更高的耐压能力；有的气井含有二氧化碳、硫化氢等腐蚀性物质，会对采油树产生严重腐蚀，同时气体容易渗漏，因此要求气井采油树具有更高的耐腐蚀能力和严格的密封要求，气井采油树试验压力一般为最大工作压力的1.5~2.0倍。出于安全考虑，气井采油树的油管、套管均采用双阀门，并选用优质钢材整体锻造而成（图1.10）。

海上油气开采也要使用采油树，比陆上采油树要求更高。按使用区域分为水上采油树、水下采油树；按安装位置分为立式采油树、卧式采油树、插入式采油树等；按结构形式分为干式采油树、湿式采油树、干湿双式采油树等；按井的布置分为卫星井采油树、底盘井采油树等。

图 1.10　气井采油树

1.5 "地气十足"让石油主动跑出来

地下的石油是怎么被采到地面上来的呢？是自己跑上来的吗？接下来我们就给大家揭开这个谜底。

油层埋在地下，埋藏深度有深有浅，深的有上万米，浅的甚至就在地表可见。先说说埋藏浅的石油，其冲破岩层可以直接喷出地面。新疆克拉玛依就在地面发现了石油。

20世纪50年代，在新疆有一位叫赛里木的老人，赶着毛驴车在戈壁滩上拾柴火，无意中发现一处山丘从地下冒出了黑色的液体，老人不知是何物，摸起来黏稠润滑，于是试着将其涂抹在车轴上，结果车轮的咯吱咯吱声没有了，车子走起来也轻快多了。此后赛里木老人就捞取这种黑油往返于乌苏与"黑油山"之间，用黑油换取生活用品，而黑油则被当地人用于点火照明、做饭、润滑车轴等，"黑油山"也逐渐为世人所知。后来，该地取"黑油"维吾尔语的音译"克拉玛依"为地名，从此克拉玛依油田闻名于世，今天这个油田已经发展成国内千万吨级的大油田。

"黑油山"冒出的黑色液体其实就是从浅层油藏喷出地面的石油，可以说是广义上的自喷，这里的石油常年外溢，形成了世界上最大的石油露头地质奇观。

石油工程上的自喷是如何定义的呢？石油深埋地下，承受着地下的高压，在油井钻完井作业结束后，就进入石油生产阶段，地下高压为石油开采提供了最原始的能量。完全依靠油层自身能量将流入井底的石油举升到地面的采油方法称为自喷采油（图1.11）。通常，自喷采油产量高，不需要人工补充能量，是一种最简单、经济、高效的采油方法。大庆油田发现后，初期油井都是自喷采油，实现了高速开采。

为了保证自喷井能正常生产，必须安装一套自喷采油设备，以及将原油输送到计量站的地面管线。自喷采油设备的主要作用是控制自喷产量，防止自喷失控。

油井自喷生产一般包含以下流动过程：石油从油层渗流到井底；再沿井筒从井底流动到井口；接着从井口到分离器。对于地层压力比较高的油井，井口还要安装节流油嘴，通过节流来控制油井的合理生产压差，调节油嘴开度大小来控制自喷产量，实现优化生产。

能否实现油井自喷是有条件的，当地层压力大于流体流入井底的渗流阻力、油井管中流体液柱的压力和沿程摩擦阻力、通过油嘴的阻力以及从井口到分离器的水平或倾斜管流的阻力之和时，就可以实现自喷生产。

自喷井生产就是一个能量供给与消耗的一个交互过程。这个过程中，每一阶段流动过程之间相互联系又相互影响。有效利用能量、减小能量消耗是分析、管理自喷井的重要基础，而能量消耗的大小主要表现为压力的损失。

原油从油层到井底的渗流是油井生产系统的第一个流动过程。油井产量与井底压力有关，井底压力越小，则地层压力与井底压力的差值就越大，原油流动的动力就越大，产量也就越大。井底压力也称为井底流压（p_{wf}），地层压力与井底流压的差值称为生产压差。油井产量与井底流压的关系被称为油井流入动态，它反映了油藏向该井的供油能

图1.11　自喷采油示意简图

力。石油工程师发明了一种曲线,用来表示产量与井底流压的关系,这种曲线的学名叫作流入动态曲线(Inflow Performance Relationship Curve),简称 IPR 曲线(图 1.12)。

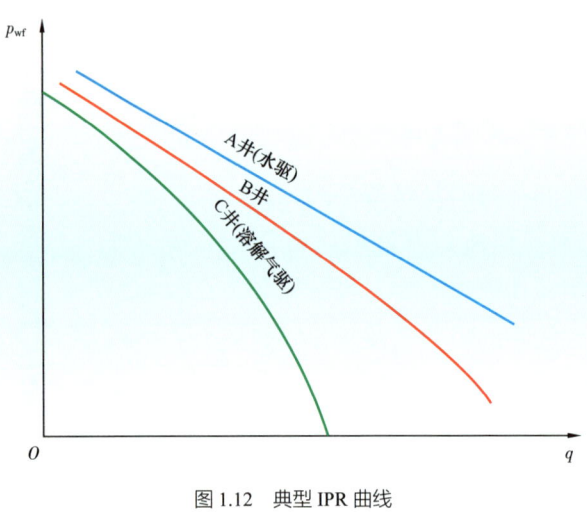

图 1.12　典型 IPR 曲线

对于某个油层来说,在一定的开采阶段,地层压力相对稳定,为了使更多的原油能流入井筒,希望井底流压要尽量小,追求高产的办法就是尽可能放大生产压差。

采油压差、油井油管尺寸大小、井筒积水情况、出砂、结蜡等情况都是影响油井自喷生产的重要因素,为使油井维持较长时间的自喷开采,就要做好油井的管理与分析工作。

油井自喷能力的强弱,取决于地层能量的大小,地层能量大,自喷能力就强,自喷生产阶段也就长,就可以长时间连续生产。对于地层能量弱的井,可以采用间歇自喷方式,交替开井和关井维持周期性自喷生产。

当井底流压过小导致自喷产量大幅下降,甚至不能维持自喷采油生产时,就必须人为地把抽油设备下入油井内,将井中的原油举升到地面,于是就发明了各种各样的人工举升方式。

 一 采油采气学问大

1.6 人工举升把石油"请出来"

人工举升采油是油井丧失自喷能力后人为地给井底的油流补充能量的采油方式,是指采用各种各样的采油设备进行油气生产,而不是真的使用人力采油。

> **小贴士**
> 何为人工?就是人力或手工,与机械力相对,引申为人力所为,与"自然""天然"相对。

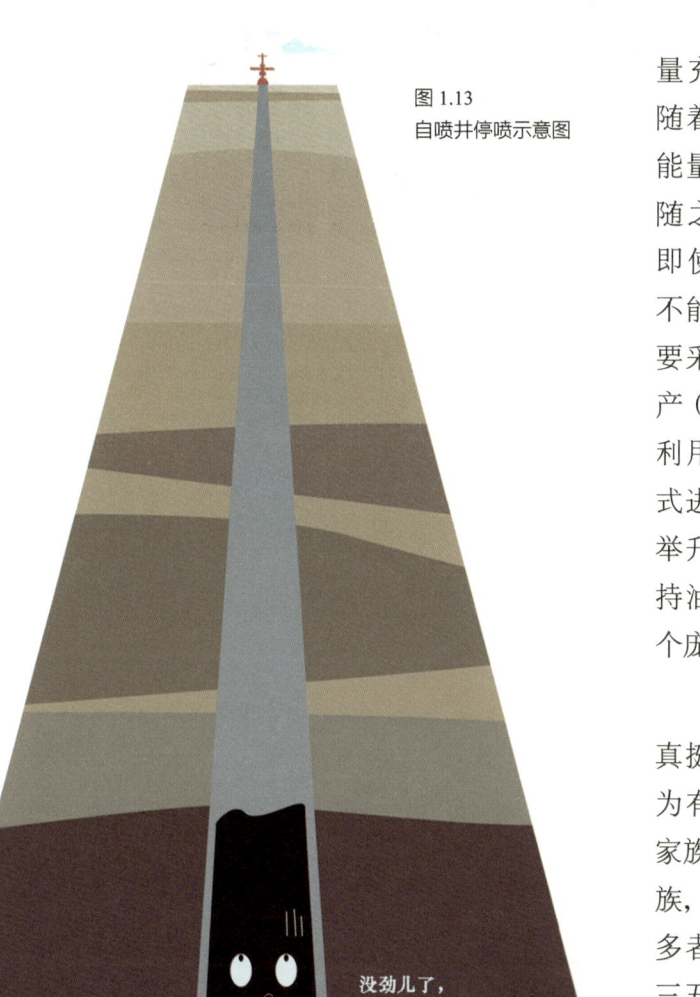

图 1.13 自喷井停喷示意图

没劲儿了,实在上不去了~

油田开发初期,地层能量充足,油井可自喷生产。随着油田的不断开发,地层能量逐渐消耗,油井产量也随之减少,最终停止自喷,即使能够自喷但产量很低,不能满足开采要求,这时就要采用新的方式维持油井生产(图1.13)。新的举升方式利用机械、电力、水力等方式进行能量转化,补充油流举升到地面所需的能量,维持油井生产,这就形成了一个庞大的人工举升大家族。

人工举升的成员构成还真挺复杂,按抽油泵类型分为有杆举升、无杆举升两个家族,还有提捞、气举两个家族,每个家族成员有多有少,多者成员上百个,少者也有三五个。生产现场选择哪一

种举升方式，需要综合考虑油层特性、原油性质、举升高度、生产阶段等多个因素，石油科学家研究出了人工举升优选方法，还绘制出了优选图版。

有杆举升家族成员多，根据抽油杆传递动力的方式不同，可分为两个类型，一类是以上下往复运动传递动力生产石油，分属抽油机家族；另一类是以旋转运动传递动力生产石油，分属螺杆泵家族（图1.14）。

(a) 异相型抽油机　　(b) 双驴头抽油机　　(c) 链条式抽油机　　(d) 地面驱动螺杆泵

图1.14　有杆举升家族成员

抽油机家族中最具代表性的是游梁式抽油机（图1.15），俗称"磕头机"，在油田使用量占全部采油井数的90%左右，是有杆举升家族成员中的"大哥大"。游梁式抽油机发展已有上百年的历史，石油工程师脑洞大开，研发出多种样式、多种规格的抽油机，品种之多有"百机宴"之称。

图1.15　游梁式抽油机

单就游梁式抽油机来说，又可以进一步细分为常规游梁式抽油机、异相型游梁式抽油机、前置型游梁式抽油机、气平衡游梁式抽油机、斜直井游梁式抽油机。通过对四连杆机构进行变形，工程师们还开发出双"驴头"抽油机、弯游梁式抽油机、调径变距游梁式抽油机等。这些抽油机既有轻型，也有重型，驴头悬点最大载荷可达180千牛顿。

有游梁式抽油机，也就有无游梁式抽油机，这既不是巧合，也不是拼凑，这是石油工程师的杰作。无游梁式抽油机也被称为塔架型抽油机，主要有链条抽油机、皮带抽油机、直线电机抽油机、液压抽油机和旋转电机直驱抽油机等机型。

地面驱动螺杆泵是传递旋转运动的有杆举升设备（图1.16），驱动装置安装在井口，通过电动机和传动装置带动抽油杆将旋转运动传递给井下的螺杆泵，将地层产出液举升到地面，这种方式占地少、结构简单、运动器件少，适用于稠油、出砂井、高气液比的井。

无杆举升家族成员也不少，包括电动潜油离心泵、电动潜油螺杆泵、水力活塞泵、射流泵采油等。

图1.16　地面驱动螺杆泵

> **小贴士**
>
> 电动潜油离心泵采油，简称电潜泵采油，包括井下机组、地面控制和电力传送三个部分，井下机组由多级叶轮组成，是多级串联的离心泵。

电动潜油离心泵采油技术使用较为广泛（图1.17），适应高产井、高凝油、定向井，井下工作寿命长，地面工艺简单，管理方便。一次性投资高，耗电量大，维护费用高，不适合出砂、出气井使用。

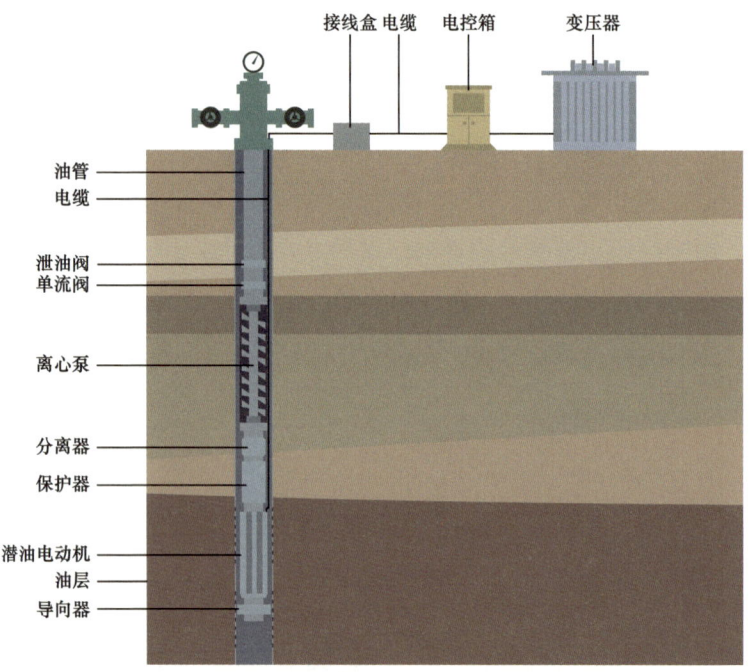

图1.17　电动潜油离心泵系统示意图

井下射流泵是一种特殊的水力泵，它的设计非常巧妙，没有任何运动件，仅依靠动力液与地层流体的能量转化就可实现抽油（图1.18）。对稠油、高凝油等特殊油藏的开发有较强的适应能力。

水力活塞泵是一种液压传动的无杆泵抽油系统，适合海上平台和地理环境比较恶劣的地区使用，排量范围为30～600立方米/天，最大可达1245立方米/天。缺点是地面系统比较复杂。

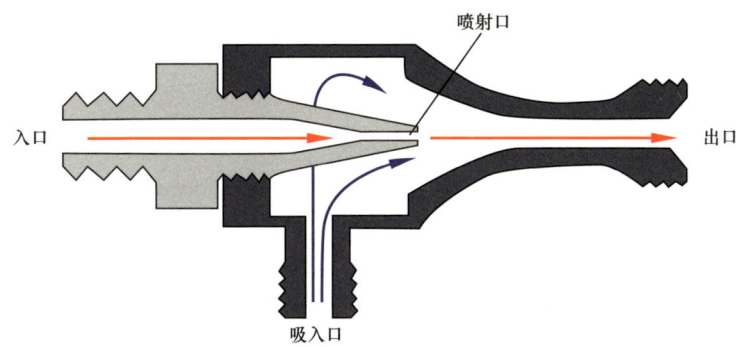

图 1.18　射流泵工作原理图

提捞采油是很原始又很现代的一种采油方式。我们都知道，古代发明水井后，也发明了取水方法，古人从井中打水用桔槔（图 1.19），这显示了劳动人民的智慧。对于油井，采用提捞筒将井下原油捞出地面或用一种套管抽子将井下原油抽到地面。这种方式操作简单，适合偏远、特低产油井生产，捞油周期灵活。20 世纪 80 年代，我国制造出捞油车，自带井架和井口密封装置，很方便使用。

图 1.19　古人用桔槔从井中打水

随着技术的不断进步，会有越来越多的有杆、无杆采油设备被石油工程师研发出来，人工举升家族会不断充实、壮大。

1.7 "磕头机"忙个啥?

我们乘坐火车、汽车旅行或出差途经油田时,经常会看到抽油机不分昼夜地在工作,抽油机顶上的大"驴头"就像在不停地磕头一样,因此被人们形象地称之为"磕头机"(图1.20),石油工程上称为有杆泵采油。

图1.20 高速铁路旁边的"磕头机"

磕头机是如何工作的呢?它不知道累吗?人们常说,磕头机真不知道累的滋味,只要不断电、不生病它就会一直磕下去,不怕刮风下雨,更不怕高温酷暑和天寒地冻,皮实耐用,是人工举升的第一大主力军,也可以说是壮劳力。

有杆泵采油系统基本原理是由电力作为动力,经过减速箱两级减速后,将电动机的高速转动转变为低速转动,再经过曲柄连杆机构将低速转动转变

成游梁的上下摆动，利用抽油杆将往复运动传递给井下抽油泵，泵柱塞做往复运动将井筒中的石油抽汲到地面（图1.21）。

图1.21 抽油机结构原理图

抽油机的一个完整运动周期其实就像磕头一样，立正、低头、双膝跪下、手扶地、头触地、起立，一个完整规范的磕头动作完成。一般来说，第一根抽油杆称为光杆，在驴头上通过一个叫作悬绳器的专用工具与两根钢丝绳连接，光杆下端通过螺纹连接的抽油杆柱一直连通到井下抽油泵，通过上冲程和下冲程两个动作完成一次完整的"磕头"动作。

为了更好地理解抽油泵的工作原理，我们看一下农村日常生活中经常使用的水井手压泵，靠人双手上下反复压抬井口压杆，从井中抽水，俗称为压水（图1.22）。

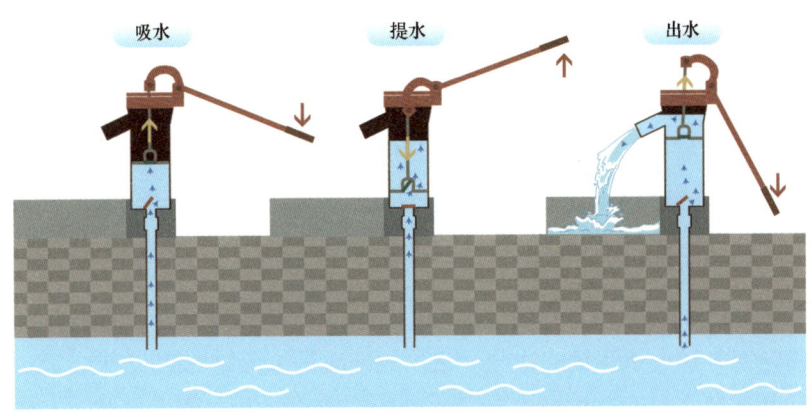

图1.22 手压泵结构原理图

油井井下的抽油泵工作原理与手压泵非常相似,但结构比较复杂,所需动力也非常大,它由泵筒、柱塞、游动阀(出油阀)、固定阀(进油阀)等组成。抽油泵的泵筒连接在油管的下端,抽油泵的柱塞与抽油杆相连。采油用的抽油泵由于下泵深度较大,必须使用各种地面抽油机来带动抽油泵工作。上冲程时,柱塞随着抽油杆向上运动,柱塞下部空间增大,压力减小,游动阀关闭,在沉没压力作用下地层产出液顶开固定阀进入泵筒;下冲程时,柱塞和抽油杆在其自身重量作用下向下运动,柱塞下部空间减小,压力增大,固定阀关闭,进入泵筒中的地层产出液顶开游动阀,进入柱塞上部的油管。抽油泵柱塞在地面抽油机的带动下,不停地做上下往复运动,井筒里的地层产出液就被源源不断地抽到油管里,并沿着油管举升到地面。

抽油泵也称为深井泵,可分为管式泵和杆式泵两大类,管式泵又有整筒泵和组合泵之分,整筒泵的泵筒是由一个整体的无缝钢管加工而成,组合泵是外筒内装有多节衬套组成的泵筒。

抽油机家族庞大,"成员众多",单就机型可分为2型、3型、4型、5型、6型、8型、9型、10型、11型、12型、14型、16型、18型、20型 等多种。这些型号数字越大,代表抽油机的驴头悬点载荷越大,可以说是抽油机第一参数,比如20型,就代表驴头悬点最大载荷为200千牛顿。型号不同,抽油机的个头也不同,最大抽油机的外形尺寸长宽高分别可达10800毫米、3032毫米、10300毫米,最大总机质量可达45800千克,犹如一台超重型大卡车,现场安装时需要坚固的底座。

磕头机不停地磕头,一天要磕多少次、能产多少石油呢?要获得这些数据,先要了解它工作的几个重要参数:冲程、冲次、泵径。

冲程指抽油机驴头带动光杆运动的最高点至最低点之间的距离,也是井下抽油泵柱塞上下活动一次的距离。冲程运动范围从0.6米到6米不等。

冲次就是磕头机每分钟磕头次数,工程上说法也就是井下抽油泵柱塞在工作筒内每分钟上下运动的次数。常用的冲次是每分钟6次、7次、8次、9次。根据油井需要,可通过调整电动机皮带轮的大小将冲次调大或调小,如果安装二次减速装置可将冲次调到1次、2次、3次等。

一 采油采气学问大

泵径是井下抽油泵的直径,系列尺寸为28、32、38、44、56、63、70、83、95、110,单位是毫米。理论上来说,泵筒直径越大,泵排量越大,根据不同油井的工作状况,深井泵理论排量可达400立方米/天。

为增加油井产量,可通过增加泵径、提高冲次、加长冲程来实现,但这三方面都有一定的局限性:加大泵径受井眼套管尺寸和液柱载荷限制;提高冲次,会增加抽油杆的动载荷和惯性载荷,增加到一定程度还会引起共振,影响抽油系统寿命;加长冲程对抽油机机身高度、光杆长度、泵筒长度等要求就增加,也有一定限制。所以,磕头机既不能磕得太快,也不能低头太深,要通过石油工程师进行精准的计算和优化,确定合理的生产工作制度来调整抽油机的工作参数。一般油田现场采用长冲程、慢冲次、大泵径抽油参数组合方式,"一井一策"进行优化设计,以达到节能高效的目的。

我们可以算一笔账,一台磕头机一年磕头多少次?按平均冲次每分钟6次计算,一年365天,1天1440分钟,磕头机一年可以磕头3153600次。当然了,如遇上调参、检查、小修的日常管理工作造成磕头机停机,采油工人也会快速完成现场修理维护作业,保证磕头机的工作时率。

1.8 气体也能把井筒里的石油"吹"上来

气体也能把井筒里的石油"吹"上来,这不是神话也不是笑话,而是一种非常巧妙、非常实用的一种采油方式。我们都知道,地下的石油需要能量才能被举升到地面,有的靠天然能量自喷开采,有的需要人工提供能量,人工提供的能量包括电力、水力、机械力等。因此,依靠气力也可以采石油。

要想搞清楚气体在井筒中的作用,我们先普及一下井筒多相管流的知识。不同生产条件下,油井井筒中的流体流动状态和特性也不尽相同,有单相流,也有气液两相流。当油井井口压力高于原油饱和压力时,井筒内流动着的流体是单相,其流动规律与普通水力学中单相流体的流动规律完全相同。当井底压力低于原油饱和压力时,天然气从原油中脱出,井筒内流体特

> **小贴士**
>
> 油气混合物的流动结构是指流动过程中油、气的分布状态,也称为流动型态,简称流型。油井中可能出现的流型自下而上依次为纯油流、泡状流、段塞流、环状流和雾状流。对于水平管,流型包括泡状流、团状流、分层流、波状流、段塞流、环状流和雾状流。

性就发生较大变化,在不同的流速、压力和温度条件下就会出现多种流态,而不同流态形成的压力损失包括滑脱损失、摩擦损失等,差异较大,直接影响采油效率。采油现场通过调整工作制度或采用人工干预尽可能选择效率高的流态进行生产。

气举采油正是利用管流特性和气体能量将地下石油举升到地面的一种人工举升采油方式(图1.23)。从地面将天然气、氮气、二氧化碳等气体注入油井井筒,依靠注入的高压气体降低油管柱中的流压梯度,也就是降低气液混合液密度,维持油井生产,从而提高油井产量。这个过程就好像是用气体将石油从井筒中吹上来似的,生产时在地面需要安装很大功率的气体压缩机,要大吹特吹,产量较高的井需要持续不断地向井下供气,保证气举连续生产,产量较低的井则间歇吹气。

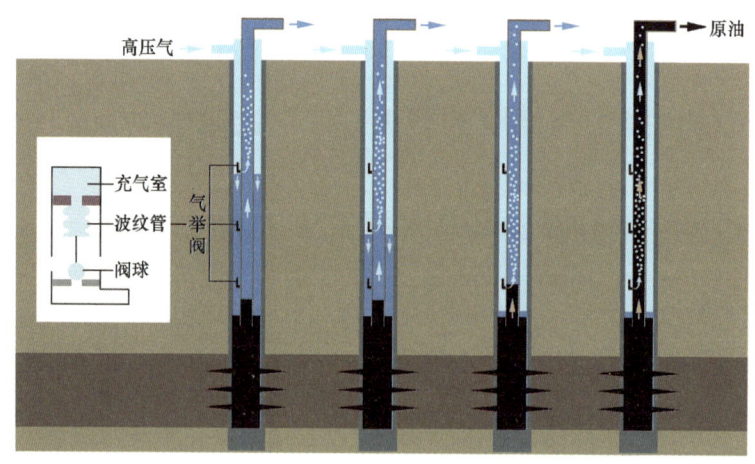

图1.23 气举工作原理图

气举采油启动过程很有意思,需要的启动压力较高,压缩机的额定压力要满足启动压力的要求。刚开始气举生产之前,油管、套管中的液面处于同一高度，井筒液位在地层压力作用下平衡在某一位置，这个液面被称为静液面。利用"U"形管原理来打破静液面平衡，从油管和套管之间形成的环形空间注入高压气体，这时井筒中的液体一部分回压到地层中，一部分通过压力触发开启的气举阀进入油管，因此油管中的液面将上升。随着油管中液面的上升，注气压力也要继续升高，油套管环形空间中的液位不断下降，并最终到达油管下端的管鞋处。此时的注气压力达到最高，这一压力被称为气举启动压力。当气体进入油管后，与油管中的液体充分混合，气液密度降低，一方面油管中的液面不断升高，油气两相混合液被吹到地面，另一方面井底压力随之降低，地层中的液体在地层压力作用下流入井筒，再与注入的高压气体混合沿着油管到达地面，最后达到稳定的运行状态，此时地面显示的气体压力称为气举工作压力。

气举采油井下工具包括气举阀、导流阀、盲阀、封隔器等，每一种工具都有其特定的作用。气举阀是所有工具中最核心的，它是安装在油管上调节高压气体进入气举管柱的专用阀。安装在油管入口处的气举阀称为工作气举阀；工作气举阀以上位置安装的气举阀为启动阀，主要作用是降低启动压力。根据含油地层深度的不同，需要在气举管柱上安装一个或多个启动阀，分段降低油管中不同位置的液体密度，逐步排出油管、套管环形空间的液体，这样就大大降低了地面压缩机的启动压力。

气举采油地面流程比较简单，一种是利用高压气井作为气源的工艺流程，另一种则是将低压气体用压缩机增压后作气源的工艺流程。压缩机是气举采油系统的"心脏"，是气举采油的主要设备。

气举采油对油井生产条件适应性最强，适合斜井、定向井、高气油比井、出砂井、海上油井等，举升高度可达3600米，最大排量可达7900立方米/天。

气举采油有多种生产工艺，有连续气举、间歇气举、柱塞气举、腔室气举，每一种气举方式都有其独特的适应性。连续气举适用于油层供液能力强、产量高的油井，间歇气举适用于油层供液能力差、产量低的油井，柱塞气举适用于油层供液能力低、液流上升速度慢、滑脱严重的油井，腔室气举适用于开采濒临枯竭的低压、低产油井。

1.9 从一次采油到三次采油

一次采油、二次采油、三次采油,它们是怎么划分的呢?依据是什么呢?

在石油工程界,按照油田在不同的开采阶段、采用不同的开发方式,石油工程师将自喷采油阶段称为一次采油,注水开发阶段称为二次采油,混相驱、化学驱、热力采油以及其他进一步提高驱油效果的开采阶段称为三次采油(图1.24)。

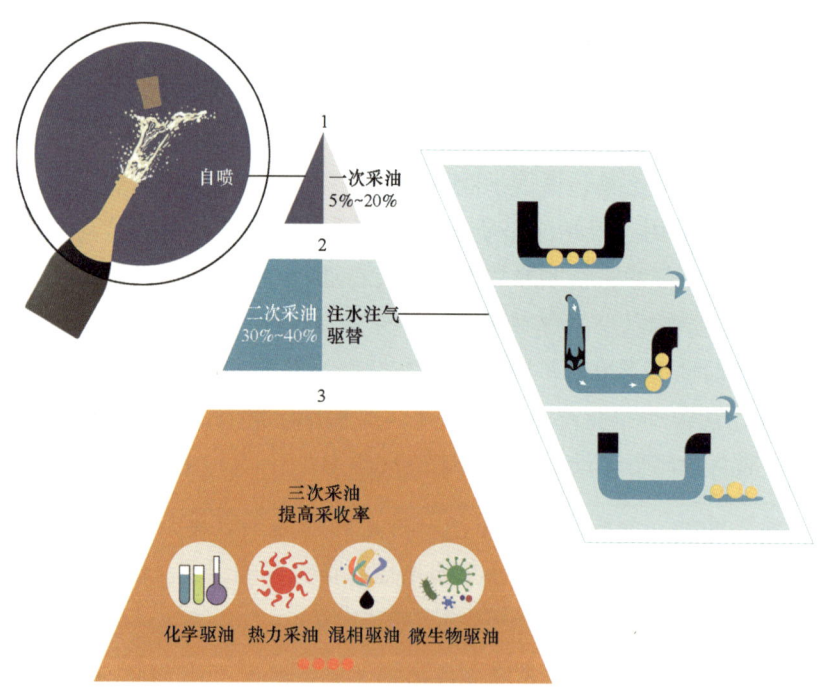

图 1.24　从一次采油到三次采油的转变

一次采油也称自喷采油,它是利用地层天然能量进行采油,依靠天然能量将地下石油举升到地面。地下油层埋藏深度从几十米、几百米甚至到数千米、上万米不等,随着油层深度加深,地层温度、压力也相应升高,已发现的油藏温度高达200℃,压力高达200MPa,高温高压使得地下岩石和流体处于高度压缩状态,聚集很大的弹性能量,同时深埋地下的岩石还承载上部

一 采油采气学问大

岩层的重力以及油藏边水或底水的压力，天然能量可以对岩层中的石油产生弹性驱动、重力驱动、水压驱动、溶解气驱动、气顶气驱动等综合作用，使油层具有旺盛的自喷能力。

当油层通过油井井筒与地面连通后，就形成了地下石油流动的通道，随地层压力下降，地下流体自身体积就会发生膨胀，同时，岩石受挤压使其中的孔隙体积减小，将地层中的石油挤入井筒，这在专业上被称为弹性驱动。

通常，同时存在原油和水的油藏因其密度差异会发生重力驱动，依靠重力作用造成原油和水的分离，使油层中石油流入井筒，称为重力驱动；边水、底水的驱动力以及天然气膨胀力，也可以助力将石油从油层挤到油井中，再被举升到地面。

随着地下石油的不断采出，地层不断亏空，天然能量会逐渐降低，最终天然能量消耗殆尽，油井也就失去了自喷能力，至此就结束了一次采油。这一阶段，一般采出原始石油地质储量的5%~20%。

油井停止自喷后，仍有大量石油驻留在地层中，这时就需要向地层补充能量。石油科学家就开始研究如何向地层补充能量以弥补地下能量消耗，保持油井继续生产，也就进入了二次采油阶段。二次采油通过注水来提高油层压力，使采油阶段得以延长。

如何向地下注水呢？首先需要按照一定的井网规则部署注水井，与油井形成注采井网。通过注入井向地下连续不断地注水，向地层补充能量，同时注入流体也会推动地层中的石油向油井方向流动，这种增加石油产量的方式也被称为"水驱"，这一阶段，一般采出原始石油地质储量的30%~40%。

经历一次采油、二次采油之后，地层中仍然存在一定数量的石油被"束缚"在地层中，这部分石油被称为"剩余油"。这是由于地层的不均匀性造成的。注水过程中，从注

> **小贴士**
>
> 波及效率：注入流体所接触的孔隙体积与储层的总孔隙体积之比。既要计算水平波及效率，也要计算垂直波及效率。波及效率受到流度比即驱替液黏度与被驱替液黏度之比的严重影响。流度比接近于1是最有效的。

入井注入地层的流体总是沿着阻力最小的孔道流向油井，那些处于渗透率相对较低、流动阻力相对较大的区域中的石油就得不到有效驱替；即使是在渗透率相对较高、流动阻力相对较小的区域中，也会有一定数量的石油由于岩石的吸附作用而无法采出；有些地层的石油由于黏度较高，即使是岩石渗透率较大，有时也难以流动。为有效开采剩余油，石油科学家脑洞大开，利用物理的、化学的、生物的各种方法，向地层注入能够改变原油黏度的热流体或化学流体，以期降低原油黏度和改变原油与地层之间的界面张力，降低岩石对原油的吸附能力，使得油层中的不连续和难开采的石油得以开采，以提高石油采收率，这种方法被称为三次采油。

三次采油的主要方法有化学驱油法、热力采油法、混相驱油法和微生物驱油法等。三次采油可以大幅度提高原油采收率，这一阶段，会采出原始石油地质储量50%以上的原油，是老油田高含水后期保持原油稳产的有效手段。

化学驱油法是一种将不同化学剂溶入水中，分批注入二次采油结束后油藏中的工艺方法，包括聚合物驱、碱驱、表面活性剂驱、复合驱（图1.25）、泡沫驱等。其基本原理就是增加注入地层流体的黏度，同时降低岩石对原油的"束缚"能力，以此达到提高波及效率和驱替效率的目的。

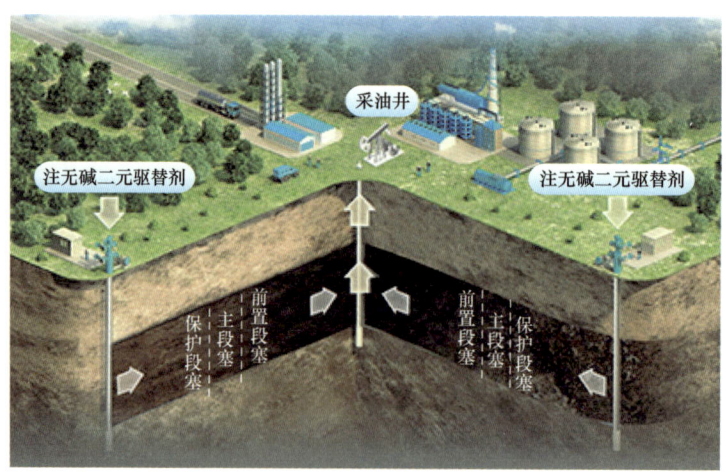

图1.25　复合驱技术注采现场示意图

热力采油法是利用热能使稠油更易流动，以利于开采的工艺，包括蒸汽吞吐、蒸汽驱、火烧油层、蒸汽辅助重力泄油（SAGD）等。SAGD工艺原理就是通过水平井连续向地层中注入热能加热地层，降低原油黏度，增加油的流动性，以提高稠油的开采量。

石油开采提高采收率永无止境，经过三次采油后，地层中仍然存在一定数量的石油滞留在地层中，这部分石油被称为"残余油"，这时提出了四次采油的概念，相信随着开采时间延长和开采手段不断发展，四次采油技术也将在不久的将来被开发出来，造福人类。

1.10 稠油开采不再"愁"

地下的石油因为黏度、密度不同，有稀油和稠油之分。稀油黏度小、密度低，易流动；稠油黏度高、密度大，不易流动，甚至凝结成固体根本就无法流动，国际上习惯称稠油为重油，我国则习惯称为稠油。根据黏度的不同分为普通稠油、特稠油、超稠油等，普通稠油在地层条件下原油黏度为50～10000毫帕·秒，特稠油原油黏度为10000～50000毫帕·秒，超稠油原油黏度超过50000毫帕·秒。

稠油是由烃的轻质组分（饱和烃、芳香烃）和重质组分（胶质、沥青质）组成，且重质组分多，轻质组分少。因为重质组分含量高，导致稠油密度大、凝点高，开采困难重重，令石油开采工作者很是头疼，经常为稠油开采没有成熟技术和面临多项技术瓶颈而犯愁。

> **小贴士**
>
> 由碳氢两种元素组成的有机化合物称为碳氢化合物，简称为烃。根据烃分子骨架的不同，烃可分为链烃（脂肪烃）和环烃（脂环烃）两大类。链烃又可分为饱和烃和不饱和烃，饱和意即分子中的碳原子和其他原子的结合达到了最大限度。具有芳香性的烃称为芳香烃，一般是指分子中含有苯环的化合物。

稠油难开采，可偏偏稠油资源潜力巨大，约占全球剩余石油资源的70%以上。据统计，全球共有富集稠油的盆地192个，原始稠油地质储量约为4884亿吨。

原油的黏度对温度特别敏感，就像蜂蜜一样天越热就越稀。通常情况下，温度每升高10℃，原油的黏度就会降低一半，这一点成为用热采法对稠油进行开采的关键依据。

当温度升高到原油开始汽化的最低温度时，也就是达到初馏点，原油中的轻质组分分离为气相，而重质组分仍保持为液相。在有蒸汽存在时，相同温度下馏出的气相分量会大幅增加，这成为采用蒸汽驱开采稠油的重要机理之一。

稠油在地层中流动困难，从井筒举升到地面更困难，若温度控制不当，稠油在井筒中就会重新凝固，堵塞油管（图1.26），造成停产事故，而解除这种堵塞是非常麻烦的，一般需要用锅炉车高压热水洗井，多数情况下需要将油管取出地面进行解堵。

图1.26　稠油开采过程中堵塞油管

为了减小稠油开采过程中的流动阻力，对于油层中的稠油常采取蒸汽吞吐、蒸汽驱、电热法、火烧油层等热力法进行开采；对于能从地层流到井筒中的稠油，采用降黏法或稀释法保持其在垂直油管中的流动性。

蒸汽吞吐是一种开采稠油的有效方法（图1.27），将热蒸汽通过井筒注入地下油层，经过一段时间焖井，然后开井生产。当采油量下降到经济极限时，就进行下一轮蒸汽注入、焖井、采油作业，如此周期循环。蒸汽从地面注入油层内，需要高压蒸汽发生器。为防止蒸汽的热量在较短时间内散失到油层上部的井筒周围，需要有一套隔热油管管柱。井筒和井口要承受高温、高压，要求有特殊的完井方法。

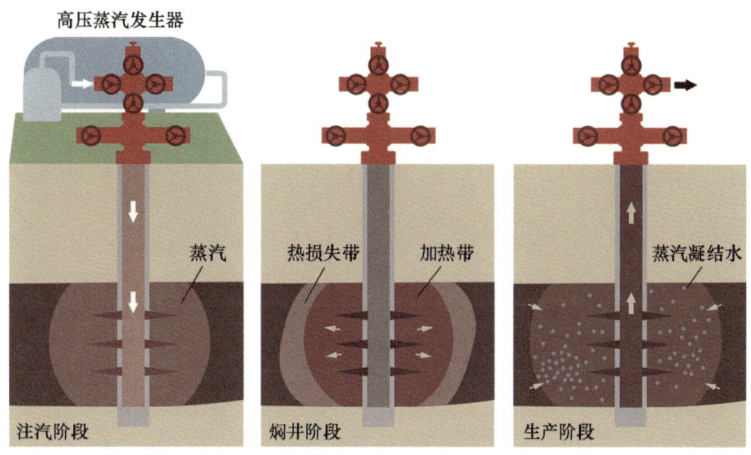

图 1.27　蒸汽吞吐开采稠油示意图

蒸汽驱与蒸汽吞吐不同，它从注汽井中注入蒸汽驱替地下稠油，经受蒸汽降黏后的稠油从采油井中采出（图 1.28）。

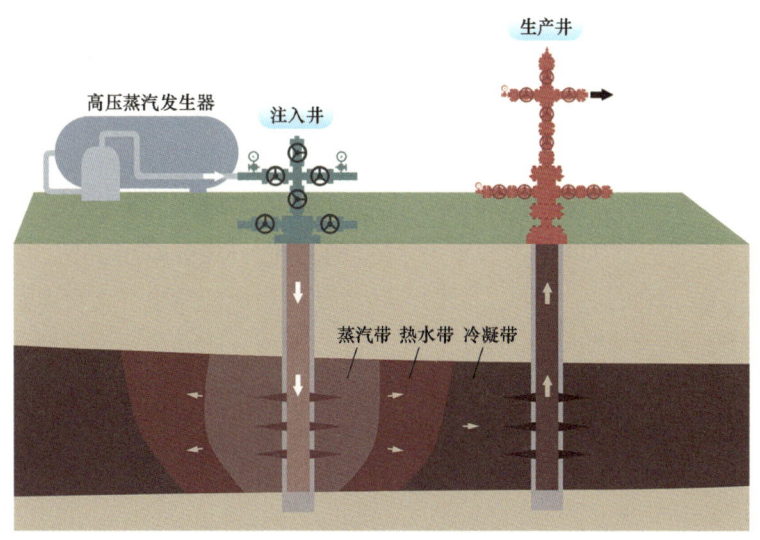

图 1.28　蒸汽驱开采稠油示意图

井筒降黏法，就是在水中加入一定量的水溶性环氧乙烷、环氧丙烷、十二醇醚、烷基苯磺酸钠等活性剂，配成活性水溶液，按一定的比例注入井内，靠机械作用使活性水溶液与井内的稠油混合，形成不稳定的、黏度较低的水包油乳状液。井筒稀释法，就是向井内注入一定量的稀油与井筒内的稠油互溶，降低稠油黏度。两种井筒降黏方法仅适用于开采在地层温度下可流入井筒、在井筒中变稠的稠油。

通过在稠油地层和井筒中分别采用不同的开采工艺和降黏措施，使稠油开采不再犯愁，技术进步的威力可真大啊！

1.11 地下油层"烧"起来

当你看到这个题目，一定会很惊讶，地下油层怎么会烧起来？着火后那很危险呀！为什么要在地下燃烧地层中的石油？其实，这是一种非常独特的采油方法，专业上称为火烧油层，也称作火驱。

> **小贴士**
>
> 火烧油层点火方法有层内自燃点火和人工点火两种方法。
>
> 层内自燃点火，是指在向油层注入空气时，原油在地层下发生一定程度的氧化作用，并引起温度上升，升温后又加速了原油的氧化速度，导致温度进一步上升，这一过程一直持续到焦炭燃料的自燃温度，就会点燃油层。
>
> 人工点火则采用电点火器、气点火器、催化点火器等各种点火器进行井下点火。

火烧油层是稠油开采的一种非常重要的方法，一般针对高黏度的稠油，它是利用油层本身的部分重质裂化产物作燃料，通过不断燃烧生热，产生热力、汽驱等多种综合驱油作用，从而提高油层温度、降低原油黏度、增强原油的流动性和地层能量，来实现对稠油的开采。火烧油层开采法通过燃烧约10%的重质组分，改善剩余轻质油组分的性质，采收率最高可达80%以上。火烧油层对于埋藏深度更大的油藏，实施工艺难度大，不易控制地下燃烧。

我们都知道，燃烧需要具备三个基本条件，一是要有可燃物，二是可燃物要达到着火温度点，三是要有氧气参与，三者缺一不可。

根据燃烧所需的三个条件，在含油区部署合适的井网，注入井用于点火燃烧，生产井用于采油，在油层形成燃烧区、结焦区、蒸汽区等区域，保持生产的连续性，其基本原理和区域分布如图1.29所示。

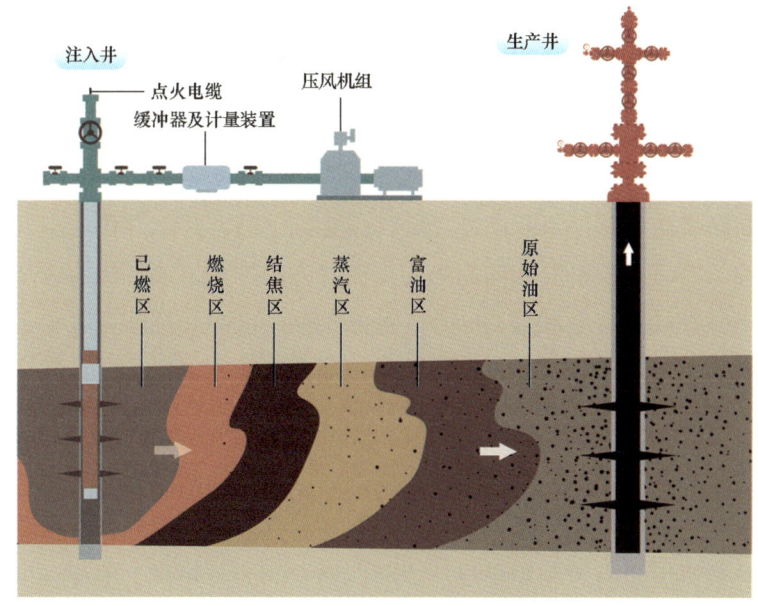

图1.29　地下火烧油层开采法示意图

通过点火井将加热后的空气或氧气注入油层部位，下入点火器将油层中的原油点燃，然后连续向油层注入空气或氧气助燃，形成移动的燃烧带向点火井井筒周围呈环状扩散，燃烧产生的热量向四周传输，使得燃烧带前方的原油受热后黏度降低并伴随蒸馏现象发生。蒸馏产生的轻质油、气和燃烧烟气对周围的稠油产生驱动作用，而未被蒸馏的重质碳氢化合物发生裂解，形成的焦炭则作为燃料参与后续燃烧，使油层燃烧范围不断蔓延扩大。同时，燃烧产生的高温使地层束缚水、注入水及物理化学反应生成水产生高温蒸汽，携带大量的热量传递给前方的油层。通过燃烧，多种作用形成了一个联合驱动、共生共存的复杂过程，将原油驱向生产井。在此过程中被烧掉的裂解原油约占原始地质储量的 10%～15%。

火烧油层有正向燃烧、反向燃烧和湿式燃烧三种基本方式。正向燃烧法与反向燃烧法又称为干式燃烧法。湿式燃烧法是正向燃烧的改良，是新发展的一种方法，能使其耗气量约为正向燃烧法的三分之一。

正向燃烧法是向注入井注入空气或氧气，燃烧前缘由注入井向外传播，沿径向推向生产井，连续注入的空气驱动着燃烧带穿过油层达到附近的生产井。正向燃烧的优点是燃烧原料为原油中无价值的焦油（焦炭），缺点是采出原油须经过低温区域，且热能利用率偏低，可能会形成原油堵塞，高黏度原油尤其明显。

反向燃烧法是从注入井向外燃烧一段距离之后，注入井停注空气，改由生产井注入空气，驱动原油向原来的点火井方向推进，而燃烧前缘却从点火井向生产井移动，与原油运动的方向恰好相反。反向燃烧法克服了正向燃烧法的缺点，主要用于开采特稠油，但此法需要大量的氧气，而且燃烧的是相对较轻的原油馏分。

湿式燃烧法又称联合热驱，它是在正向燃烧法的基础上，采用水与空气交替注入的方式进行稠油开采。湿式燃烧法将火驱与水驱结合，水的热容和汽化潜热较高，能有效利用燃烧前缘后面储存的大量热量，消耗较少的燃料驱动高黏原油。此外，水的来源广泛，注入成本低。

世界上最早的一次火烧油层现场试验是 1942 年在美国俄克拉荷马州的伯特勒斯维尔油田进行的。我国从 1958 年起，先后在新疆、玉门、胜利、吉林和辽河等油田开展了火烧油层试验研究。随着技术进步，火烧油层技术已在稠油开采中发挥重要作用。

1.12 有一种原油可以做雕塑

雕塑的材料有金属、石头、砖头、木头、骨头，还有陶瓷、泥土、石膏等，原油能做雕塑你一定觉得很神奇，那就让我们带你了解一下特种原油的物理特性。

通常，能做雕塑的材料一般为固体且质地坚硬，反观原油的一般物理形态，常温下为黑褐色黏稠液体，但也有一种非常特殊的原油，我们称为高凝油，其含蜡量大于30%，凝点高于35℃，也就是说在35℃或以下温度时，高凝油是以固态形式存在的。

> **小贴士**
>
> 蜡是动物、植物或矿物所产生的油质，常温下为固态，具有可塑性，易熔化，不溶于水，可溶于二硫化碳和苯。纯石蜡是白色、略带透明的无味结晶体。蜡的熔点：48～157℃。原油中的蜡是指碳原子个数为16～64的烃类。

我国的辽河油田沈阳采油厂，有国内最大的高凝油生产基地，这里的原油凝点更高，达到67℃，含蜡量也高得惊人，最高达到53.52%。这种原油极难开采，针对高凝油在环境温度低于其凝点时黏度急剧增大、失去流动能力的特点，必须采取十分特殊的开采方法，才可以动用这些深埋地下的石油储量，保证原油开采全过程都具有很好的流动性而不凝固或变稠。油田科技人员广开奇思妙想，想出了对付高凝油的一整套开采方法，通过化学或物理方法降黏，化学法就是向井筒内注入降黏剂，物理法就是通过热流体循环或电加热给井筒内流体保温，达到顺利开采的目的。

辽河油田的高凝油主要具有以下五大特性（图 1.30）。

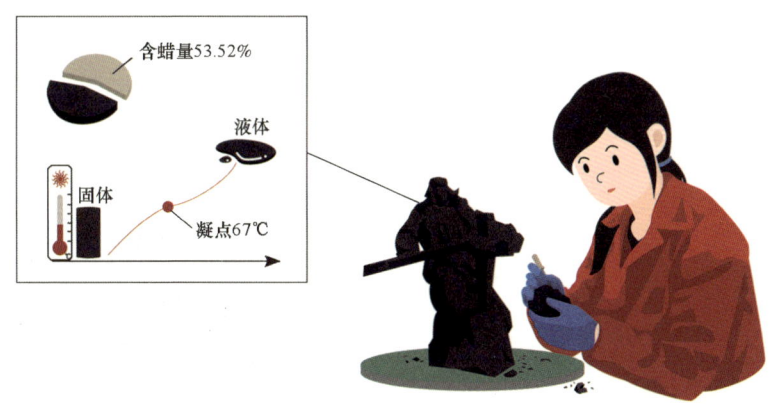

图 1.30　利用高凝油黏温特性做雕塑

独特性：含蜡量高，在常温下呈固态，可雕塑成具有较高价值的工艺品。

可塑性：温度超过67℃可以融化，把它倒进什么形状的模具里，就是什么形状。

稳固性：比其他原油有更好的化学稳固性。

可溶性：在地层深部或温度高于凝点时，其物理性质与普通原油无异，可相互溶合。

内聚性：它的凝固过程总是由外向内，最后凝聚成一个核。

基于高凝油的特性，地下原油采出地面后会变得又黑又硬，在阳光下还闪闪发亮。20世纪80年代，一名采油工见此情景，突然灵感来了，这闪闪发亮的石油能否做成雕塑呢？这个想法一出，工友们都点头称赞说好，于是找来厂里手艺高强的几位工人师傅商量，大家知道老一辈木匠都学过雕花刻木的技艺，多少都有两把刷子。说干就干，采油工从油池子里挖来一大块高凝油让木匠们进行尝试，围着发黑发亮的油块，木匠们几经雕琢，最后决定雕刻一尊大熊猫。几天时间过去，雕塑渐渐有了型，第一件高凝油雕塑作品就这样诞生了，最终命名为《国宝熊猫》，作品一出立刻引起了不小的轰动。

辽河油田的高凝油开采难，搞雕塑也不容易，从20世纪80年代开始尝试用高凝油做雕塑，经过多年的摸索，油塑作品逐步形成了规范的生产流程，每件油塑作品均经过原材料化验、化学处理、造型设计、熬制油块、雕刻成型、修复、抛光、着色等八大流程20余道工序，确保了它的安全性和环保性（图1.31）。

图1.31　高凝油雕塑

1.13 油管内壁会结蜡

油井结蜡就像人体血管上长斑块一样，影响管中液体流动。蜡是石油中的重要成分之一。在原油开采过程中，蜡从原油中析出并凝结于油管壁上的现象称为结蜡，一旦井下设备和管壁结蜡就会堵塞油流通道、增加举升载荷、磨损设备等，进而影响原油产量，严重者造成停产甚至井下事故。

我国各油区的原油普遍含蜡，含蜡量从 10%～50% 不等，含蜡量超过 10% 的原油占总采出油量的 90%，因此油井清防蜡就成为原油生产过程中必须要解决的问题。

原油中的蜡呈黑色的固体与半固体状态，其成分为石蜡、沥青、胶质、泥砂等杂质的混合体。蜡对温度、压力都特别敏感，地下高温高压条件下蜡就溶解在原油中。

原油生产过程中，沿油管向地面流动，随着深度降低，井筒中的温度压力就下降，当达到析蜡点时，蜡就从原油中分离出来，以晶体的形式长大聚集，非常容易沉积并黏附在采油井下设备及油管壁上（图1.32）。

图 1.32 油管壁上结蜡示意图

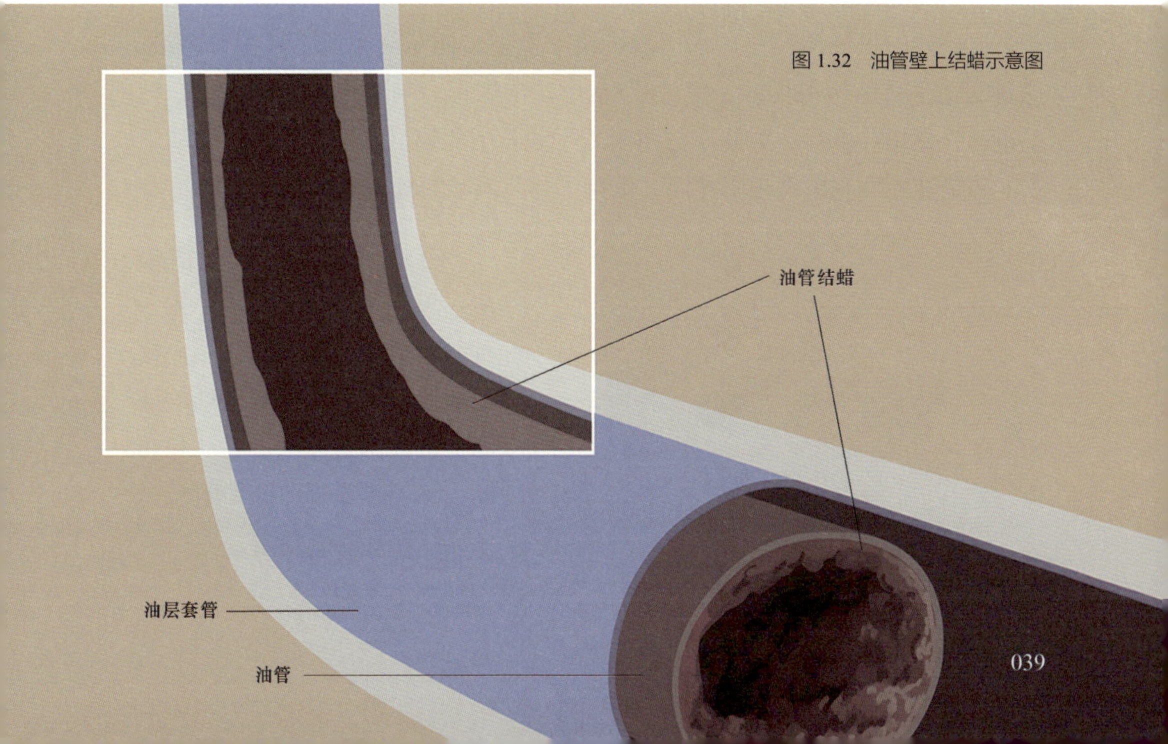

油井结蜡的内因是原油的性质,原油中的含蜡量越多里面含的碳原子就越多,结蜡现象就会越严重。而外因包括温度、压力、气油比、产量等油井开采条件,原油中泥、砂、水等杂质含量,油管管壁的光滑程度及表面性质等。原油举升方式也会对油井结蜡产生影响,自喷井和气举井在井口或井下节流时会引起气体膨胀而带走部分热量,导致温度下降造成结蜡。

油管、原油和蜡就如同人身体里的血管、血液和血脂,血液中血脂含量高就会附着在血管壁上,阻碍血液循环,损害人的身体健康。同样,原油中蜡的析出会影响油井的正常生产,需要经常清除。因此,在油井生产管理中,防蜡和清蜡就成了一项经常性的工作。

防蜡主要通过选择合理的油井工作制度,防止原油中的溶解气过早逸出,保持对蜡的溶解能力。还有一种方法就是采用玻璃衬管、涂料油管减少蜡在油管壁上的黏结。

防蜡的成功率不可能达到100%,这就需要清蜡。清蜡就是把已经黏结在井下设备和油管壁上的蜡及时清除掉。蜡一旦形成,就会变成坚硬的固体,清除起来很困难。通过生产实践,石油工程师发明了机械、化学、热力、磁力等多种清蜡方法,这些方法各具特色。

自喷井的机械清蜡法,利用清蜡绞车上安装的专门刮蜡工具进行清蜡。这种刮蜡工具结构很巧妙,呈"8"字形,依靠重力向下运动刮蜡,绞车拉动钢丝拉刮蜡片上行,如此反复将附着于油管上的蜡清除下来,这些被清下来的碎蜡随着油流被携带出井筒,保持了井筒流动的畅通。

有杆泵抽油机机械清蜡法,就是在抽油杆上安装一种活动刮蜡器(图1.33)。在抽油过程中,做往复运动的抽油杆带动刮蜡器上下移动和转动,从而不断地清除掉附着在抽油杆和油管上的蜡。

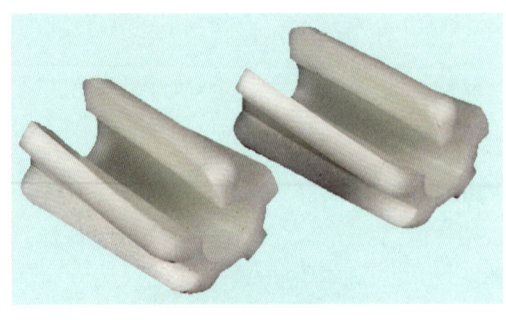

图1.33 井下尼龙刮蜡器

化学清蜡是用化学溶剂把粘在油管壁上的蜡溶化掉的一种清蜡工艺方法，油田上应用的化学清蜡剂主要有油基、水基、水包油型三种，还有一种固体防蜡剂。

热力清蜡是用加热的办法把粘在油管壁上的蜡熔化掉，加热的方法有电加热、热油循环、蒸汽加热等。

油井的结蜡、清蜡、防蜡会伴随油井的整个生命周期。

1.14 油管要防垢清垢

人们一提到垢，首先想到的是做饭的锅、烧水的壶、喝茶水的杯子，时间久了内壁上经常会有一层水垢，这些垢要清除很费劲，通常是用铁刷子刷，还有用白醋清洗，而且每过一段时间就要清洗一次。

油气开采过程中，地层中的油气经井筒、井口到地面集输系统，由于温度、压力和油气水平衡状态发生变化，容易发生无机盐类的沉淀，就会生成垢。一般来说，只要有水的存在，就不可避免地会产生一些无机盐沉淀，这些沉淀物一旦聚集并附着在油水井井下设备上，就会生成油田上特殊的垢。这些垢结在不同的地方，造成的危害也不尽相同，有的堵塞油层，有的堵塞油管或井下设备，还有的会卡死抽油杆、损坏井下设备，给油气生产带来不利影响。

对于油田结垢现象，首先应弄清楚垢的形成原因、条件和性质，这样才可以确定是用化学清洗还是机械方法有效地清除垢层，同时也有助于采取不同措施防止或减轻结垢。

研究发现，垢的形成有多种成因，包括沉淀、结晶、化学反应、腐蚀和微生物的生长等，现实中很少是单一的一种结垢形式，而是一种复合的和各种因素综合在一起形成的结垢过程。

具体来说，油田结垢分为近井地带结垢、设备内部结垢、注蒸汽热采高温造成结垢、聚合物驱结垢、复合驱因pH值过高结垢等。

防垢有两种方式，一种是化学防垢，首先进行诊断，搞清楚垢的类型和结垢条件，然后经过室内实验优化筛选配方，采用循环加药使结垢部位始终保有防垢剂的配方成分，起到防垢作用。另一种为改变结垢条件，包括调整井下pH值，使其偏酸性，达到防垢的目的。

除垢方法有机械清洗、化学清洗、高压水冲洗和交变电磁场除垢技术等。机械清洗方法可以清除所有垢层，且对金属管材和井下设备基体没有腐蚀性，但清洗效率较低；化学清洗方法清洗效率很高，但作业时要求高，处理不当可能损坏管道，甚至造成事故；高压水冲洗利用高压水射流的冲击力除垢（图1.34），效率高，不污染环境；交变电磁场除垢技术在工业管道除垢方面效果非常显著，它是将交变电磁场传输至整个系统，改变水中离子的运动方式，在二氧化碳的辅助下，原有的旧水垢逐渐溶解脱离，所有的新垢和老垢都不会再出现在管壁上，溶解后的微小水垢颗粒随水流排出。

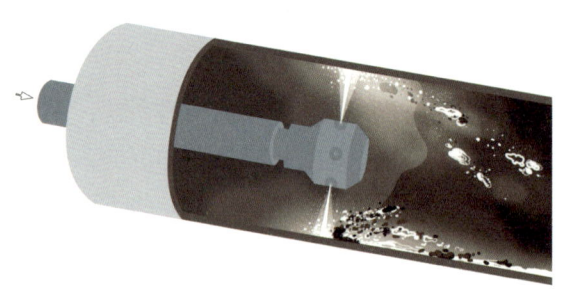

图1.34　高压水冲洗除垢法

1.15　油管防腐不可缺

在日常生活、生产中腐蚀无处不在，十分普遍。铁铜金属类生产工具、铝铜锡金属类生活用具、金属饰品等都会生锈，生锈就是最典型的腐蚀。腐蚀的发生往往是自发的，而且非常普遍，腐蚀初期一般不易被发现，具有很强的隐蔽性，等到发现时就很严重了。

原油开采过程中,绝大多数采油设备都采用金属材料制造,金属腐蚀是金属与周围环境介质的化学、电化学和物理作用引起的破坏和变质现象。影响金属腐蚀的因素很多,不仅与金属的自身属性有关,而且与金属周围所处的环境因素有关。按腐蚀过程特点,腐蚀机理可分为化学腐蚀、电化学腐蚀和物理腐蚀三大类。

化学腐蚀是指金属表面与非电解质直接发生化学反应而引起的腐蚀,在这种腐蚀过程中,电子的传递是在金属与氧化剂之间直接进行的,没有电流产生。

金属电化学腐蚀是指金属与电解质溶液作用而产生的腐蚀,是金属表面产生原电池作用引起的。

物理腐蚀是指金属由于单纯的物理溶解作用所引起的破坏,如金属在高温熔盐、熔碱及液态金属中所产生的腐蚀。

每一种腐蚀都很厉害,有的会造成全面腐蚀,有的会造成局部腐蚀(图1.35)。全面腐蚀是腐蚀分布在整个金属表面上,这种腐蚀危害性相对较小,只要确定腐蚀速度,就可以预测使用寿命,并可以在设计时考虑腐蚀因素加以控制。局部腐蚀主要集中在金属表面某一区域,而其他部分几乎没有破坏,这种腐蚀的破坏性强、类型多、预防困难。常见的类型有小孔腐蚀、电偶腐蚀、氢脆、应力腐蚀、晶间腐蚀、选择性腐蚀、缝隙腐蚀、沉积腐蚀、浓差电池腐蚀、湍流腐蚀等多种类型。

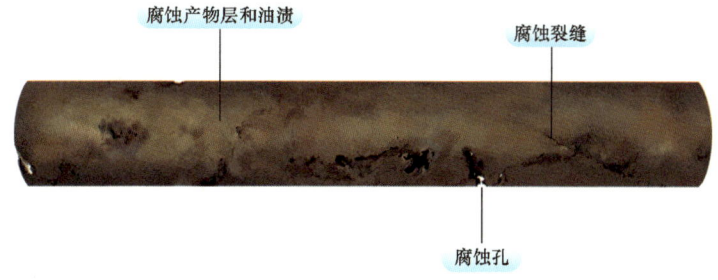

图1.35　典型的腐蚀类型

造成油井井下设备腐蚀环境的因素有很多，主要包括水腐蚀、硫酸盐还原菌腐蚀、氢脆腐蚀三种。

水是油田中石油的天然伴生物，采出的石油中含有水，驱替石油需要水，增产措施、油水井井下作业也需要水。油田水中含有大量的杂质，几乎都会对金属产生严重的腐蚀，尤其是其中溶解的氧化物盐类对金属腐蚀有很大的影响。水中溶解二氧化碳、硫化氢、氯离子、硫酸盐还原菌、氧等都会引起油管的腐蚀，这些成分的浓度、含量不同，与油管接触的时间、面积不同，造成的腐蚀程度也不尽相同。

二氧化碳溶解于水生成碳酸，引起水的 pH 值降低从而增加了对钢材的腐蚀性，其腐蚀产物为碳酸铁。硫化氢溶于水后形成氢硫酸，通常引起局部腐蚀，以点腐蚀为主，腐蚀产物为硫酸亚铁。硫化氢引起腐蚀的另一个因素是某些氢原子进入钢材内部，会导致低强度钢的氢致开裂、高强度钢的硫化物应力腐蚀开裂。当硫化氢与二氧化碳共存时，会比单一的硫化氢和二氧化碳腐蚀性更强。

腐蚀给油田生产带来巨大损失，鉴于腐蚀带来的严重后果，做好防腐或延缓腐蚀就至关重要。油管防腐常采用一种或几种技术组合，包括耐蚀合金管材、涂镀层管材、注入缓蚀剂、阴极保护等防护措施。使用这些措施一方面要考虑技术可行性，另一方面要考虑安全性和经济性。

1.16 无人值守的采油井场

油田上一说到井场，映入脑海的大多是一块方方正正的很平整的土地，这块土地的中央安装着油气生产设备的油井，油井上安装的设备或是抽油机、或是螺杆泵，也可能是电潜泵地面控制装置，水井上就是注水井口和各种阀门。气井的井口就更复杂了，胖大壮实的井口加上各种仪表和阀门。这些井场无论地面装置如何复杂，一般就只安装有一套设备，并且和其他井场都有一段距离，井口与井口的距离按开发井网有规律地排列，不同地质条件下和不同的油田开发方式井距差距很大，最大井距1000米甚至更长，最小井距75米甚至更短，井与井之间靠地面管网、电网联系起来，而采油工人管理这些井基本都靠步行，要定期进行一口井一口井地巡检。

建井场、规则井网这一油气开发模式持续了近百年，经济的压力、土地的紧缺、恶劣的自然环境等共同作用需要创新钻井新技术，打破传统规则地面井网建设开发模式，促使大位移井、大斜度井、丛式井、水平井钻井技术不断升级换代、快速迭代，为大井丛、大井场建设创造了条件，钻井可以实现指哪打哪，井眼轨迹、井眼水平段长度超出你的想象，原来地面千米级、百米级井网可变成地面大井场、地下超大井网的模式，井眼最近防碰距离减小至1.6米（图1.36）。

> **小贴士**
>
> 智慧油田具有感知、可视化和智慧功能，是通过管理模式和技术手段变革而形成的一种全新面貌的油田。通过物联网、知识库、专家系统，全面感知油田动态、预测变化趋势、自动操控油田活动、持续优化油田管理与决策，实现科学决策、卓越运营与安全生产。

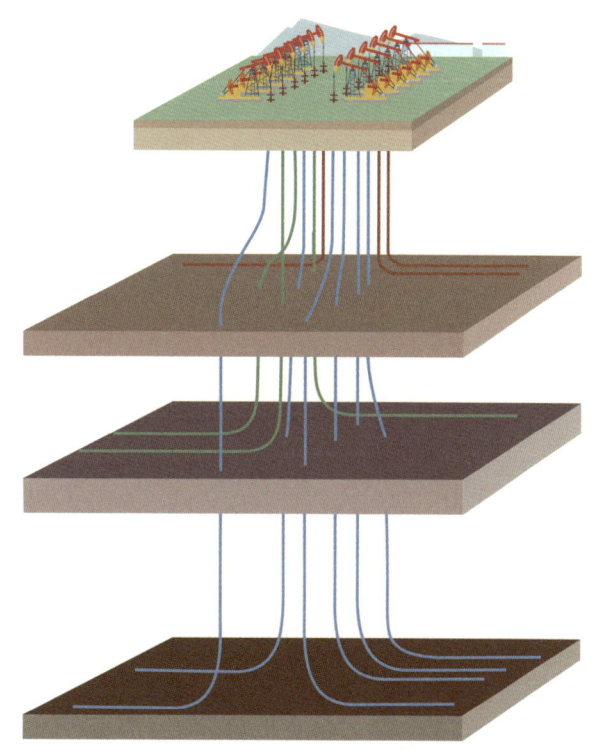

图1.36 超大井场、大井丛井眼轨迹示意图

超大井场、联动作业、立体开发、边钻井边试采、边试采边投产的滚动开发方式，实现了大井丛开发。还有很重要的一点就是大井丛建成后，地面设施全部采用模块化设计、模块化施工，智能化、数字化、信息化运行，实现了井场的无人值守和高效运转，智慧油田的雏形诞生了（图1.37）。

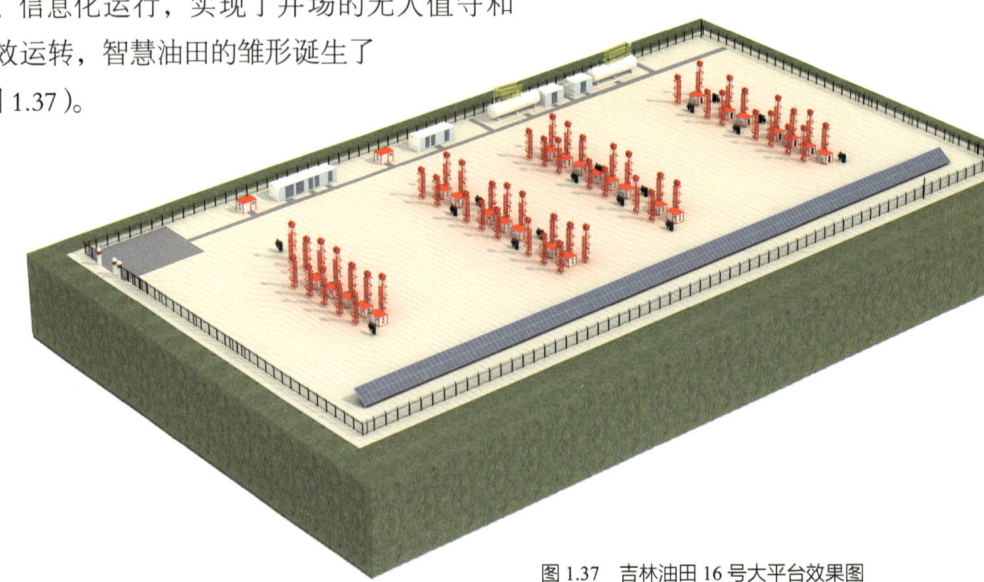

图1.37 吉林油田16号大平台效果图

模块化本身包含大量的智能设施，它是数字化管理的基础环节，是实现井场无人值守、高效运转的数据保障。油田以感知、互联、数据融合为基础，生产过程实现"实时监控、智能诊断、自动处置、智能优化"的业务新模式。

通过智能传感器、无人机、物联网等新技术，实现测试、分离、计量、生产制度的控制与调整、数据传输等多种油气生产管理智能化。具体设施包括测试分离器、多通阀组、远程可调油嘴、在线含水分析仪、无线变送器和LTE技术，有的还可以实现橇装化。这些设施的利用可实现数字化远程测井，可实时控制油嘴的开度、精确且连续向采油工程师和油藏工程师播报含水率变化及趋势，具有实时数据回传至中控室等功能。模块化井场的应用，对于人工巡检和日常检修维护成本至少节省80%以上，完全实现了智能化全天候无人值守井场的要求。

 一 采油采气学问大

面对广袤的油气区,我们已经看到"机器人+移动互联"智能巡检系统和"管道光缆预警+无人机"巡检系统,两者正在"强强联手",组成了捍卫油气生产安全的最佳搭档,实现了安全隐患发现和处置由传统"应急救火式"转变为现代"主动预见式"管理,有效解决了管线多、站点多、人员少、地面环境复杂等困难。

无人值守井场对于高含硫化氢等有毒有害气体的油井、气井特别适用,可以减少维护人员的现场操作,把控现场风险,实现本质安全,装置平稳,人力优化,降低成本。

1.17 工厂化作业的采油大平台

油田被称为没有围墙的工厂,单井户外生产,生产作业独立运行,遇到小修作业、作业措施也都是独立开展。这种方式能被打破吗?有人提出油气生产工厂化的概念,颠覆了传统开发模式,移植现代工业大机器生产流水线作业方式,推行"绿色、环保、安全、智能"开发理念,实现了油气资源开发工厂化作业,建成工厂化作业的采油大平台。

我们知道,机械零件的加工分为粗加工和精加工,用较低精度的机床和刀具完成粗加工,再用高精度机床和刀具完成精加工,既可以避免用同一台机床加工时频繁更换刀具,也可以充分发挥不同机床的加工能力。

工厂化作业包括工厂化钻井和工厂化压裂完井投产。工厂化钻井就像零件的机械加工一样,用小钻机完成较浅井段的钻井作业,再用大钻机完成剩余井段的钻井作业。由于井间距只有几米的距离,钻机移位非常方便,有的井场安装有

> **小贴士**
>
> 油气生产工厂化通俗的定义是:石油设施或生产采用类似工厂的生产方法或方式,应用系统工程的思想和方法,集中配置人力、物力、投资、组织等要素,通过现代化的生产设备、先进的技术和现代化的管理手段,科学合理地组织油气钻井、压裂(包括试油、试气)、采油、采气等施工和生产作业。

轨道，直接快速实现钻机移位，省时省力，非常方便，钻机利用率和时率都大幅提升。

对于低渗透油气藏，油水井通常要通过大型压裂进行完井投产或投注。大型压裂需要几十辆甚至上百辆各类车载设备，包括罐车、加砂车、混砂车、泵车、仪表车、管汇车等；压裂施工需要消耗几千立方米甚至上万立方米压裂液和压裂用水。压裂作业施工完成后注入地层的液体大约有 60% 会返排到地面，需要拉离井场进行环保处理，或用于下一口井的压裂施工。常规压裂过程中，设备的调集、水砂的输送、管汇连接等十分烦琐，工作量非常大，而工厂化压裂就减少了管汇频繁的拆卸、连接，也减少了车载设备的频繁移动，可实现几十口井的连续压裂施工，一口井施工完后，进行简单换接井口后即可进行下一口井的施工。

工厂化作业施工一旦完成，就可采用大数据、云计算、物联网、AR/VR（增强现实/虚拟现实）等新技术，建立井、间、站一体化数字化管理模式，实现生产系统优化运行，全力打造数字化转型的采油生产平台（图 1.38）。

图 1.38　数字化采油生产管理平台

工厂化作业的最大优势就是减少占地，增产改造、生产维护措施，都可以同井场连续施工，利于集中管理、集中管控、节省用工，利于一机双井、一站双井、集群举升等采油设备的集中应用。通过集成应用单井串联冷输集油、支干线定量掺输、智能采油、智能分注等技术组合，最大限度地优化简化地面流程，大幅降低地面投资与运行成本。与传统开发方式相比，集约化大平台开发模式，实现工厂化钻井、压裂、修井模式，减少井场占地90%，动力线长度减少90%，管网长度减少80%，集输系统能耗下降超过60%。

1.18 天然气是怎么开采出来的？

天然气时代来啦！它已经进入千家万户、千厂万业，绿色环保，价格低廉，你可知道天然气是如何生成的，又如何生产出来的吗？

天然气生在地层深处，成因相当复杂。当有机物质在地下沉积多年之后，与微生物群体相遇，加之地下的高温高压，通过发酵、合成等综合作用，形成了天然气。天然气的形成类型有油型气和煤型气，以及地球深部岩浆活动、无机盐类分解产生的气体。

天然气在地下的藏身之地称为气藏，不同的气藏地质特征、驱动方式、所含流体性质各不相同，据此气藏可划分为七大类型，有气驱气藏、水驱气藏，有低渗气藏、异常高压气藏，还有含酸气气藏、凝析气藏和浅层气藏。

> **小贴士**
>
> 天然气水合物俗称可燃冰，即天然气中某些烃类气体组分与液态水在一定的温度、压力、气体饱和度、水的盐度、pH值等条件下形成的白色固体结晶物。在天然气生产和输送过程中，在一定的温度和压力条件下会生成天然气水合物，堵塞气流通道。

不同的气藏开采工艺差异很大，其基本原理都是降压开采，最经济、最有效的方式是在井筒建立合理的采气压差，以获得较高的采气速度和气田开采的最高经济采收率。

经过石油工人艰苦的野外勘探，获取大量勘探数据，由技术人员精细解释和认真对比研究，最终发现蕴藏大量天然气的气藏或油气藏，接下来就开始天然气井的钻探和天然气的开采工作。

钻天然气井周期较长，工艺复杂，钻井过程中要格外注意，特别是接近气层时要采取严格的防护措施，确保钻井过程中不喷不漏。钻井结束后，还可能需要进行大型气井压裂改造，保证气井投产后的高产量。

气井投产前的各项工作完成以后，就进入采气阶段，这一阶段的任务就是把地下天然气经气井和井口设备开采出地面（图1.39），所采用的一系列工艺技术统称采气工艺，主要包括排水、控水、堵水和低压气井采气工艺。

采气过程的目标就是尽最大可能保持气井长期稳定的产量，减少或延缓气井出水。要保持长期稳定的产量，就要优化气井工作制度，这个制度的关键就是确定气井生产时产量和压力的关系，要保证气井在生产过程中能得到最大的允许产量，并使天然气在整个开采过程中压力损失最小，以充分利用气藏能量，使采收率最高。

实施合理的工作制度应满足下列条件：气井井筒完整不受破坏，井底不造成早期突发性水淹或开采过程中水淹、井底不垮塌、不被天然气水合物堵塞；气井生产管柱内气体流速能带出井底积液，同时管柱内的压力损失不应大于允许的最大压力损失；井口装置和地面管线设备能正常运转，井口压力和产量满足输气和用户要求；年产气量不超过气田开发方案对采气速度的要求。

图 1.39　天然气开采井口装置

一 采油采气学问大

图 1.40 天然气从井场到用户

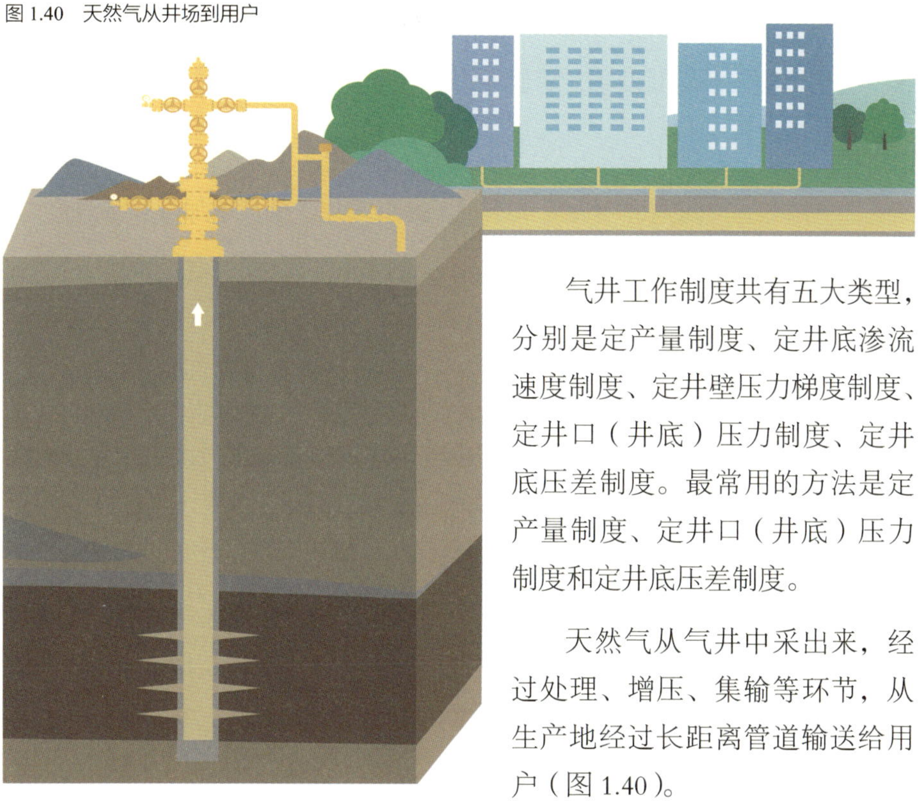

气井工作制度共有五大类型，分别是定产量制度、定井底渗流速度制度、定井壁压力梯度制度、定井口（井底）压力制度、定井底压差制度。最常用的方法是定产量制度、定井口（井底）压力制度和定井底压差制度。

天然气从气井中采出来，经过处理、增压、集输等环节，从生产地经过长距离管道输送给用户（图 1.40）。

1.19 气井出气也出水

气井是用来开采天然气的井，可是在天然气开采过程中，气井也出水，然而开采天然气最怕的就是水，这些水的存在极度不利于气井的后期开采，可以说水是天然气井的天敌。那石油工程师是如何解决这一问题的呢？

气藏中天然气和水是一对孪生兄弟，在气藏中的水以束缚水和可动水的形式存在。生产过程中，地层产出的水一般为可动水，经过压裂改造的气井也可能产出束缚水，还有部分压裂残留的水。这些水一旦在气井井底形成积液，就会增大井底回压，使生产压差减小，产气量就会随之减少，直至造成气井停产，井中的积液会彻底把气井压死，要想恢复生产那可是难上加难。

为排出气井井筒中的水,减少井底积液,常用的方法有以下几种。

(1)调整气井地面设备,降低地面输气阻力和气井回压。

(2)调整气井井下设备,减少流体在采气管柱中的阻力,增加举升能力。

(3)降低井口压力,增大采气压差,提高气井产量,增加气井排液能力。

(4)井口放喷。这种方法会浪费一定数量的天然气,污染环境。尽可能不采用这种方法。

(5)利用各种排水采气工艺,保持气井正常生产。

排水采气工艺是天然气开采过程中非常重要的一种采气工艺技术,有机械和化学两类解决途径,目的就是降低井筒流体压力梯度,改善井底附近流体的流入状态,使被水堵住的天然气膨胀,"死气"变为能够运移的"活气",进入井底并被采出,最终提高气藏采收率。

现场常用的成熟排水采气工艺有泡沫排水采气、有杆泵排水采气、气举排水采气、射流泵排水采气、电动潜油泵排水采气、柱塞气举排水采气和复合排水采气等,下面介绍两种排水采气工艺。

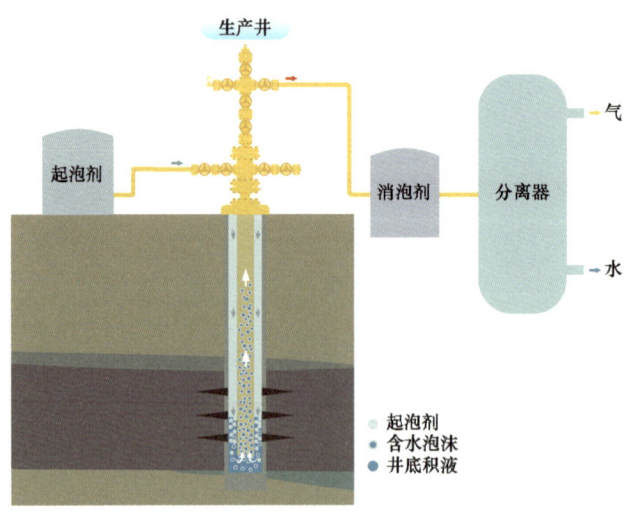

图1.41 泡沫排水采气工艺示意图

泡沫排水采气工艺(图1.41),通过打开气井井口阀门,往井筒里加入一种被称为起泡剂的表面活性剂,井底积液与起泡剂接触以后,借助天然气气流的搅动,生成大量低密度的含水泡沫,井底积液的密度大大降低,可随气流从井底携带到地面,达到清除井底积液的目的。同时,携带气泡的天然气上升到地面后,为防止泡沫直接进入地面处理工艺设备,影响正常后续生产环节,还需在井口流程上增加消泡剂注入装置,保证及时将采出液中的泡沫除去。泡沫排水采气工艺由于不采用任何机械装置,也称为物理法排水采气,适用于地层压力高、产水量相对较少的气井。

柱塞气举是间歇气举的一种形式。柱塞气举的能量主要来源于地层,柱塞将举升做功的气体和被举升的液体分开,减少了气体窜流和液体回落,提高了举升气体的效率。这些气体将柱塞及其上部的液体从井底推向井口,从而排出井底的积液。通过柱塞的往复运动,就可不断将积液排出。这种方法适用于地层压力比较充足、产水量又较大的气井(图1.42)。

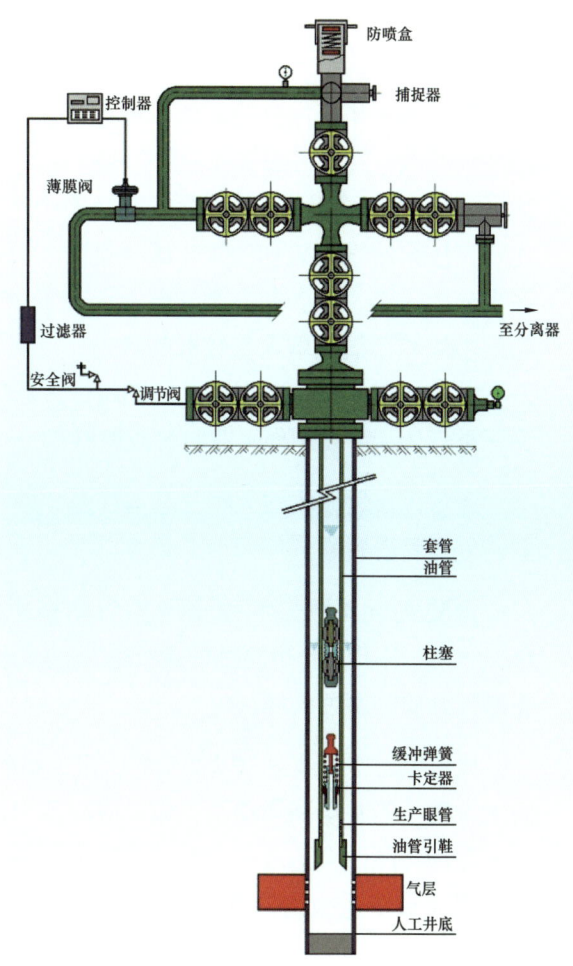

图1.42 柱塞气举工艺流程图

1.20 天然气的"酸""甜"口味

天然气怎么会有"酸""甜"口味，你一定很好奇，其实这是依据天然气中是否含有酸性气体而确定的。

含有 H_2S 和硫化物的天然气称为酸性天然气，就是"酸气"，不含 H_2S 的天然气称为"甜气"、脱硫气或净化气。按天然气中硫和二氧化碳含量多少分为一类、二类和三类气体。天然气中硫和二氧化碳含量较低的称为一类、二类气体，主要用作民用燃料；天然气中硫和二氧化碳含量较高的称为三类气体，主要用作工业原料或燃料。

> **小贴士**
>
> 硫化氢是一种无机化合物，标准状况下是一种易燃的酸性气体，无色，低浓度时有臭鸡蛋气味，浓度极低时有硫黄味，对于人畜是一种剧毒性气体。溶于水，易溶于醇类、石油溶剂和原油。
>
> 切记：依靠人的嗅觉辨别有无硫化氢的存在是不科学的，也潜伏着极大的危险，嗅的时间一长，硫化氢很快会麻痹嗅觉神经！

通常，自然形成的天然气基本都是"酸气"，"甜气"几乎都是经过人工脱硫处理后得到的。

含酸气气井开采必须采取相应的技术措施，以解决 H_2S 的巨毒性和 H_2S、CO_2 引起的严重腐蚀性及元素硫的沉积三大问题，保证生产安全，防止酸性介质的腐蚀破坏。

硫化氢与空气或氧气以适当的比例（4.3%～46%）混合就会发生爆炸，在含 H_2S 气井的井场和集输站工作，应配备 H_2S 检测与报警仪。设备泄漏或容器不密闭等原因会造成一定范围内的人员中毒，一旦发生这类情况应立即指挥所有人员快速撤离，留在现场的处理人员，须佩戴白给式正压呼吸防毒面具。

H_2S 溶于水后形成弱酸，是一种强烈的金属腐蚀剂，H_2S 引起中碳钢的腐蚀速度随其浓度增加而加大，一般为 2.5～15.2 毫米 / 年。为防止或减缓腐蚀，主要有三种防腐措施：选择抗氢脆及硫化物应力腐蚀破裂的材质；采用合理的金相结构与制造工艺，获得均匀铁素体或珠光体，提高抗 H_2S 性能；也可选择使用有效的缓蚀剂，在金属表面形成保护膜。

对于采出的酸气,要进行脱酸处理,也就是将"酸气"变为"甜气",按操作特点和原理,脱酸工艺可分为化学吸收法、物理吸收法、混合溶剂吸收法、直接氧化法和膜分离法等。

化学吸收法是在一个塔器内以弱碱性溶液作为吸收剂与酸气反应,生成某种化合物。在另一塔器内,改变工艺条件(如加热、降压、汽提等)使化学反应逆向进行,碱性溶液得到再生,恢复对酸气的吸收能力,使得天然气脱酸气过程连续循环进行(图1.43)。

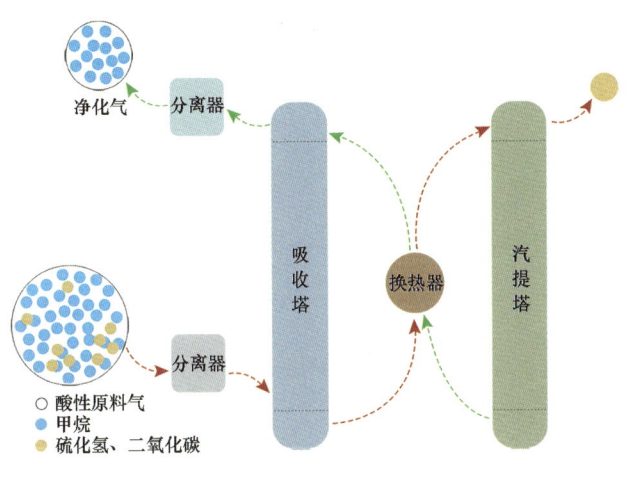

图1.43 化学吸收法处理工艺示意图

物理吸收法是以有机化合物作为溶剂,在高压、较低温度下使酸气组分溶解于溶剂内。吸收了酸气的溶剂在降压闪蒸或加热闪蒸的过程中释放酸气,使溶剂恢复对酸气的吸收能力,使得天然气脱酸气过程连续循环进行。

直接氧化法是对硫化氢直接氧化使其转化成硫。

膜分离法是利用气体各组分中通过膜渗透性能的不同,将某种气体组分从气流中分离和提浓,从而达到天然气脱酸的目的。

混合溶剂吸收法是以物理溶剂和化学溶剂配制的混合溶剂作为吸收剂,兼有物理吸收和化学吸收作用。

直接氧化法是一种常用的天然气脱出酸气的处理方法,适合于处理流量小、酸气浓度很高的原料气。膜分离法适用于从天然气中分离出大量二氧化碳的场合。

二　水与蕴藏石油的石头纠缠

自发现石油以来,人类就不停地琢磨如何获取石油。为了"油",就对蕴藏石油的石头下"狠手"用"毒招",用带有金刚石的钻头"磨"、用火药"炸"、用水"冲"、用化学剂"洗"、用热流体"蒸"、用"火"烧、用气"吹",还用盐酸、硫酸等各种酸"腐蚀"、用高压水力"劈"、用人工地震装置"振"、用超声波"超"、用新型材料"剥",等等。曾经一度用过核爆炸的方法,凡是对石头可用的"酷刑"都会用到,目的只有一个,就是多拿石头中的"油",用尽各种绝招吃干榨尽石头中的石油。从采油的历史来看,采油工作就是与石头"较劲",并一直围绕着油与水的矛盾作"斗争"。在众多的采油方法中,注水驱油法最经济也最有效,分层注水技术的发明在石油开采史上是一个重要里程碑。

2.1 采油井的亲密伙伴——注水井

我们知道，油田的油井用来采油，农村的水井用来取水。那么油田的注水井是用来干什么的?

为了把地下油气藏中的石油天然气更多地开采到地面上来，石油工程师发明了各式各样的"井"，从地下采出石油的井叫采油井，采出天然气的井叫采气井，油气田现场也称采油井、采气井为生产井。相应地，在地面将水注入油层的井称为注水井，将二氧化碳、氮气等气体注入油气地层的井称为注气井，油田现场也称注水井、注气井为注入井。可以说，注入井将伴随采油井的一生（图2.1），是采油井的亲密伙伴，将伴随油田生命周期的全程，直至油田最终废弃。

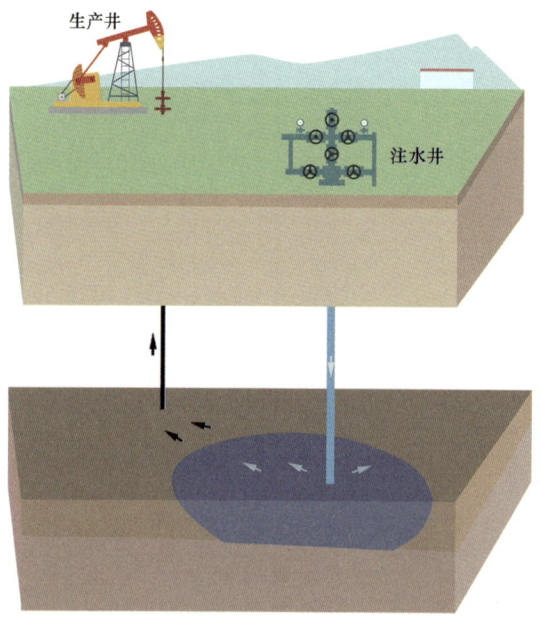

图2.1 油田现场的采油生产井和注水井示意图

把原油从地下开采出来依靠的是油层内的压力。油层压力就是驱油的动力。在驱油过程中要克服各种流动阻力，包括油层中细小孔道的阻力、井筒内液柱的重力和管壁摩擦阻力等。油层压力能够克服所有这些阻力，原油才能从地下喷至地面，生产正常运行。随着自喷时间的延长，依靠天然能量开采一般不能长期保持油层压力，这样油田就不能长期高产、稳产和实现较高的采收率。在长期的油田开采实践中，人们想到了一种保持油层压力的方法，就是人工向油层内注水、注气或注入其他溶剂，从而给油层输入外来能量以保持油层压力。

20世纪20年代,美国开始工业化应用人工注水补充能量的开发方式,1946年苏联第一次在杜依玛兹油田采用注水开发技术,之后这一技术逐步发展起来,成为石油开发史上的重大突破。注水是实现人工补充能量最直接、最现实、最经济的方式,注水井也就随之诞生。注水的作用很大也很多,包括补充地层能量、保持油层压力、提高驱油效率、稳定油井生产能力等。

> **小贴士**
>
> 注水时机:油田在投产的不同阶段进行注水,分为早期注水、中期注水和晚期注水。在油田投产的同时进行注水,或者在油层压力下降到饱和压力之前就及时进行注水,称为早期注水。当油层压力下降到饱和压力以后进行注水,称为中期注水。天然能量枯竭以后进行注水称为晚期注水。

图 2.2 油田注水井井场

所谓注水就是将具有合格水质的水通过高压注水泵加压后,经由注水井注入油层(图2.2),在整个油层内通过人工方式建立起水压驱动方式,以恢复和保持油层压力的一整套工艺措施。

对于具体油田来说,选择的开发方式既要能合理地利用天然能量,又要能有效地保持油藏能量,确保油田具有较高的采油速度和较长的稳定时间。为此,必须进行区域性的调查研究,了解整个地层水压系统的地质、水文地质特征和油藏本身的地质物理特征,即必须了解油田有无边水、底水,有无水源供给区,中间是否有断层遮挡和岩性变异现象,油藏有无气顶及气顶的大小等。做完区域调查后,就要根据调查结果确定从哪个方向向地层注水,这涉及注水井位置、数量、对应关系的合理分布。按采油井与注水井的分布方式,可将注水方式分为边外注水、边缘注水、边内注水三种(图2.3)。

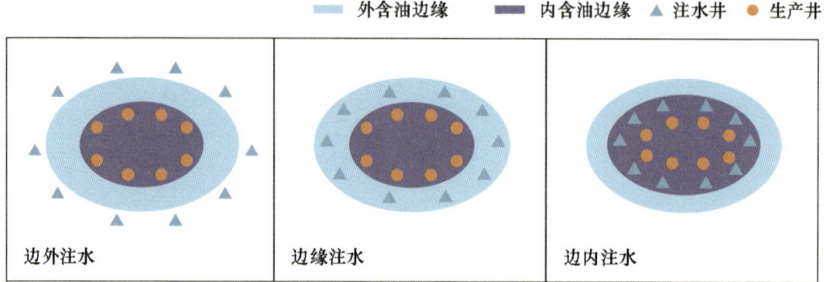

图 2.3 注水方式示意图

边内注水又细分为切割注水和面积注水。所谓切割注水是利用注水井将油藏切割成若干个区块，每个区块看成一个独立的开发单元，分区进行开发（图 2.4）。面积注水是将注水井按一定的几何形状和密度均匀布置在整个开发区进行注水（图 2.5），面积注水有五点法、七点法、反七点法、九点法、反九点法等多种方式。

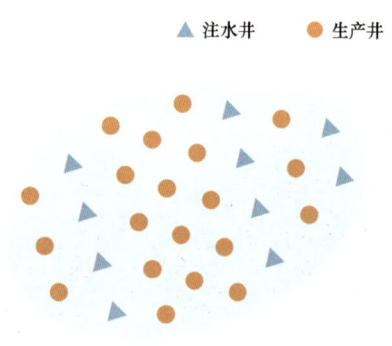

图 2.4 切割注水方式示意图

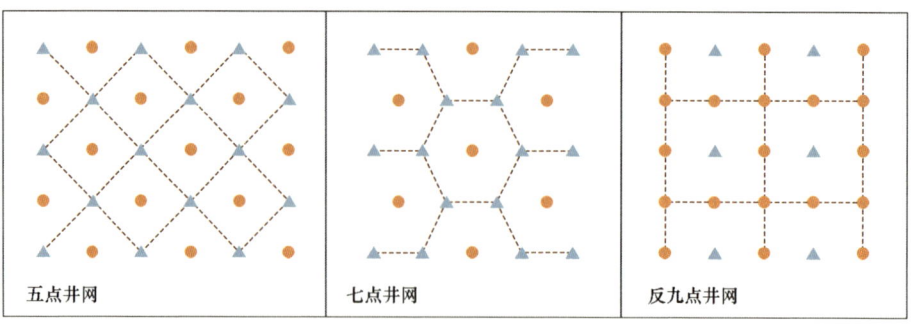

图 2.5 面积注水方式示意图

2.2 石油靠高压水来驱替

人们经常讲：地无压力不出油，人无压力轻飘飘。深埋地层里的石油依靠天然能量开采，地层压力会逐渐降低，直至供给能量枯竭，最终丧失自喷生产能力。

> **小贴士**
>
> 枯竭式开采：利用油气藏的天然能量进行的石油天然气开采。开采时油气储层无压力补给系统。随着开采的进行，天然能量逐渐释放，最终衰竭。

为了保持较长的开发周期和稳定的原油产量，会采取保持地层能量的开发方式。向地层注水以其便捷的水源和较低的成本，成为首选方式（图 2.6）。

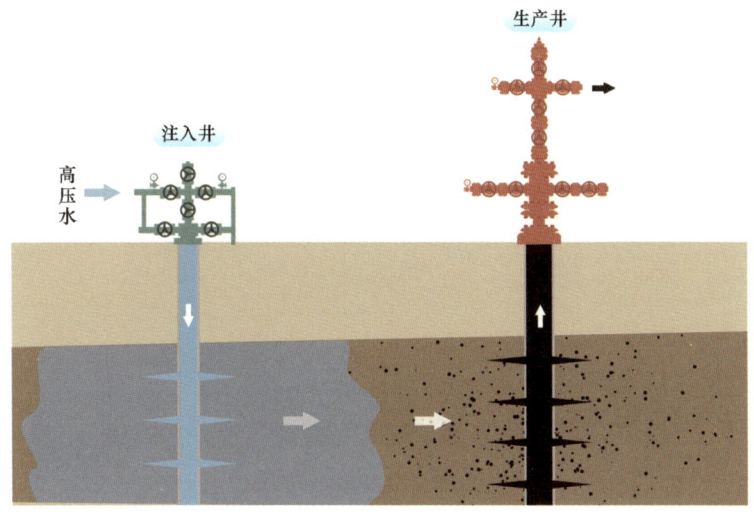

图 2.6 向地层注水补充地层能量

注水井中的水柱可以产生较大的静液压力，使得地面动力设备不需要提供很大的压力，即可使油层保持高于原油饱和压力的压力水平，这样地下原油中的溶解气就不会大量脱出，稳定的原油性质非常有利于保持良好的流动条件。

当油藏的边部或底部与较广阔的天然水域相连通时，油藏投入开采之后，含油部分产生的地层压降，会连续地向外传递到天然水域，引起天然水域内的地层水和储层岩石的累加式弹性膨胀作用，造成对含油部分的水侵作用。天然水域越大，渗透率越高，水驱作用越强。

当天然水域的储层与地面具有稳定供水的露头相连通，可形成供采平衡、地层水压力略降的理想水驱条件（图2.7），此时油层的供液速度等于采液速度，油层压力基本保持不变，这样的水驱称为刚性水驱。刚性驱动油藏由于油藏压力基本不变，因此生产气油比、产液量也基本保持不变，但在油井见水后产油量将快速减少。

图2.7　具有稳定地表供水的储层

当边水、底水或注入水较少时，储层的供液速度小于采液速度，将不能保持地层压力不变，这样的水驱称为弹性水驱。弹性驱动油藏由于油藏压力逐渐下降，产液量也逐渐下降，生产气油比基本保持不变，在油井见水后产油量将快速减少。

油层的驱动方式随着开发进程及开发措施的实施与调整而变化。在油田开发的某个阶段，驱动方式（即驱动能量类型）可以从一种形式过渡到另一种形式。比如，对于地层压力高于饱和压力的油田，在开采初期没有注水，一般为弹性驱动；若有含水区，开采一段时间后，压力降落扩展至含水区后，呈现天然水压驱动；若供水不足，比如边水不充足，或油水接触区域的渗透率很低，采油速度较高，则可能出现弹性水压驱动；如果这个油藏是封闭的，则在弹性驱动后，便出现了溶解气驱动。

由于油藏的驱动方式不同，其驱动能量大小不同，因此油藏油气采收率也不同。一般水压驱动方式采收率最高，弹性驱动方式及气压驱动方式次之，而溶解气驱动方式及重力驱动方式的采收率最低。

对于缺少边水或没有气顶的油藏，通过人工注水或注气，就可以抑制和延缓溶解气驱动的过早出现，而使油藏长期处于人工水（气）压驱动方式下进行开发，从而达到提高采收率、合理开发油田的目的。

由此看来，高压注水不仅可以驱动石油，还是一种价廉物美的石油开采驱动方式。

2.3 注入油层的水从哪儿来？

注水是油田开发的重要方式，那么多的水从哪里来呢？注水的用水量又有多大？

油田注水量是海量的，简单做一个计算，假如一个油田日产油 1 万吨，由于油的密度比水小，这些油在地下占据的孔隙体积要大于 1 万立方米，因此，为了保证油田持续稳产，要每天向开采石油的同一地下层位注水 1 万多立方米，才能保证油层压力平衡和物质平衡。

随着开发时间延长，由于流体对孔隙的冲刷，油层中的孔隙通道会发生变化，这时部分注入水会在地下无效循环，刚刚注入地层的水很快会从采油井采到地面，导致注水量还要进一步增加。同样日产 1 万吨油，到油田开发后期就需要日注水几万立方米。由此推算，1 年的用水量，10 年、20 年的用水量就是个非常大的数字。因此，注入水的水源是否稳定、是否可保证长期供应关系到油田能否长期稳定开发。

注入水的水源，可以是淡水或海水，也可以是油田开发中随原油产出的地层水。淡水水源可以是江、河、湖、泉或浅层地下水。因为淡水资源匮乏，地面水又是农业用水的主要来源，加上受自然条件的限制和季节变化的影响，地面水水源极不稳定；同时，地面水水中杂质和各种细菌含量较高，往地层注入前净化处理的成本也非常高，一般油田都尽量不用其作为主要水源。

油田注水所用的水都是靠打水源井取水，有浅井，也有深井。浅井的水是淡水，一般很少用。深井地层水可能是淡水，也可能是高矿化度水，深井水是油田注水的主要来源。

最有发展前途的是用海水，近海或海上油田多以海水作为注入水。但因海水高含氧和盐，腐蚀性强，净化处理和防腐问题也会增加注水的成本。

油田开发初期，为保证高速开发，时间、地理、地质等原因造成对水源的选择余地较小，多为就地取材，通俗一点就是有啥用啥。

在油田开发中后期，注入的水或地层原有的水随原油大量产出，可将这些水进行油水分离、净化处理后作为注水的主要水源。

为了节约地球上的水资源，注入油层的水大部分来自从原油中脱出的水，油田上称之为污水。各油田污水的使用率已经占了注水总量的80%左右。我国油田开发大多采用的是水驱开发方式，地层产出液含水率越来越高，普遍达到90%左右，有些甚至高达99%以上。这些伴随着石油产出地面的水，经过脱水、处理、过滤，最后又回注到地层，既做到了重复利用，又防止了排放造成的环境污染。

石油科学家提出井下油水分离、同井注采的设想，就是利用井下油水分离设备对地下生产层的采出液进行油水分离，再将含水率很低的采出液举升至地面，同时将分离出的水再次回注到注入层，实现同一井筒内同时采出与注入，实现一井两用。这种创新设计，可实现大部分地下水不采到地面，在井下循环回注再利用，构建了一种新的注采体系，解决了将大量地下水采出、再注入地下的无效循环的世界级油田开发技术难题。

2.4 油田注入水质堪比饮用水

油田注入水的水质要求非常高，各项指标堪比日常饮用水。

油气储存在地层岩石的孔隙或微细裂缝里。油层孔隙直径只有几微米至十几微米，相当于头发丝直径的几分之一或十几分之一，与人的毛细血管差不多。要想把油层里的油气尽量多地用水驱替出来，最重要的是防止注入的水带进杂质堵塞孔隙。被带进去的杂质有可能是悬浮的固体颗粒，化学腐蚀性物质及厌氧性细菌与钢管、岩石表面反应生成的沉淀物。在这些物质中，有些一次性堵塞地层油流通道，有些物质如细菌会不断繁殖，逐步堵塞地层出油通道。因此，除了对注入水进行精细过滤之外，还要进行除氧、杀菌及减少腐蚀性物质的各种物理、化学处理。

水质处理又有什么标准呢？石油工业行业标准对不同渗透率的油层注入水质规定了严格的指标。以渗透率小于 0.1 平方微米的油层为例，水质指标是：水质稳定，与油层水相混不产生沉淀；水注入油层后不使黏土矿物产生水化膨胀或悬浮；悬浮固体含量小于 1 毫克/升；悬浮物颗粒直径中值 1~2 微米；含油量小于 5 毫克/升；平均腐蚀率小于 0.076 毫米/年；溶解氧小于 0.05 毫克/升；三价铁离子的含量小于 0.5 毫克/升；铁细菌小于 1000 个/升；不含能与地层水反应生成沉淀的物质；不含硫酸盐还原菌；不含硫化氢；酸碱度 pH 值控制在 7~8。

如何进行水质处理？经过大量的科学研究和现场实践，油田现场对水质的处理有了一套完整的处理方法和质量检测的方法。不同油田对水质要求有所差异，不能机械地、简单地按照同一种水质标准去套用不同类型、物性的油层进行注水，必须根据油层的润湿性、敏感性、孔隙结构和油层均质状况等资料进行综合分析，并结合室内实验与现场试验结果来确定水质。

油田现场为了保证长期正常注水，还要针对油层的特殊情况加入一些化学添加剂，例如，有的油层黏土含量高，这些黏土遇水易膨胀松散，注入水中需要加入黏土稳定剂；为防止在地层或管线中结垢，要加入防垢剂等。

污水回注工艺要求进行更加精细的水质处理。未经处理的污水含有大量的悬浮固体、乳化原油、细菌等有害物质。假如油层注入了未经处理的污水，油层就会受到伤害，这种伤害主要体现在大量繁殖的细菌、机械杂质以及铁的沉淀物堵塞油层，引起注水压力上升，注水量下降，影响水驱替原油的效率。因此，必须对注入油层的污水进行净化处理（图2.8）。

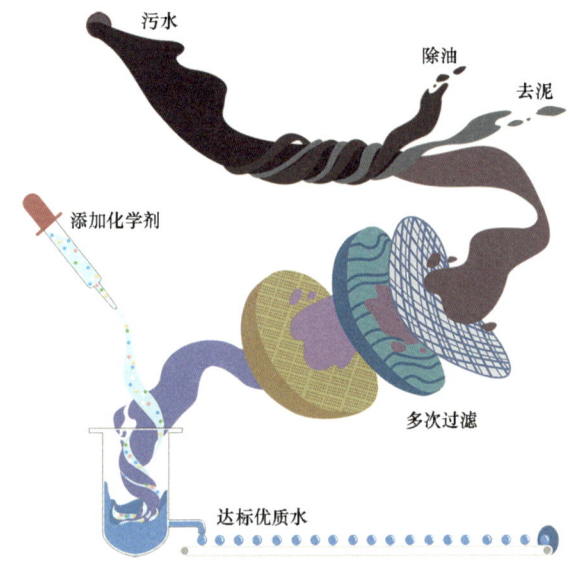

图2.8 精细水质处理示意图

由于污水是从油层采出的，所以，油田回注污水处理的主要目的是除油和除悬浮物。概括地讲，污水处理可分为两个阶段。

第一阶段为除油阶段，利用油、水密度差及药剂的破乳和絮凝作用将油和水分离开来。除油阶段主要采用的技术方法有重力式隔油罐、压力沉降除油、气浮选除油、水力旋流除油等。

第二阶段为过滤阶段，利用滤料的吸附、拦截作用，将污水中的悬浮固体、油和其他杂质吸附于滤料的表面，或不让其通过滤料层。过滤技术根据滤后水质的要求不同，分为粗过滤、细过滤和精细过滤。过滤的核心技术是滤料的选择与再生，滤料有石英砂、无烟煤、陶粒、核桃壳、纤维球、陶瓷膜和有机膜等。

水质不合格会堵塞孔隙、孔道，造成地层吸水能力下降，还可能使注水设备腐蚀加剧，因此，为了进一步提高注水开发效果，必须做到"注够水、注好水、精细注水、有效注水"，让地层喝上合格的"优质水"。

2.5 水是怎么被注到油层的？

油田上说到水的问题，可对比三个哲学上的终极问题："你是谁？""你从哪里来？""你要到哪里去？"

水是人类生命之源，对于水驱开发油田来说，水是动力之源，水从水源来，水要注到地层里去，保持或恢复地层压力，使油藏有很强的驱动力。

为把水注到地层里去，油田要投入大量资金，建设一整套完整的注水系统，这个注水系统包括水源、水处理站（供水站）、注水站、配水间、注水井，注水系统的设计和规模要根据水源的特点和注水量的多少来决定。水源与油田开采区块距离远、水质复杂，就要考虑输水管线长度和处理站的规模，注水站规模与油田产量直接相关。

从天然水源地直接得到的水叫原水，从油井伴随石油采出并经分离后的水叫污水。无论哪种水都必须先进入到水处理站，经过专用设备进行沉淀、过滤、除氧、杀菌，必要时还要添加一些专用化学药剂。含磺酸盐的水要经过曝晒，污水则要进行除油处理才能作为注入水储存在供水站。水处理站把处理好的水输送到注水泵站，注水泵站用高压泵，按照各配水间需要的注水压力和注水量，经过高压管道把水送到配水间。配水间的作用是把高压水分配到各注水井，并用流量计对来水和分配到各注水井的水进行计量。配水间装有很多压力表，随时监测各管线的压力，可以根据各注水井需要的压力和水量随时进行调控（图2.9）。

注水井是把水注到油层的最后环节。注水井由高压井口装置、套管、油管、压力表、井下分层工具等组成。注水井可以同时给多个油层注水，石油工程上称为分层注水，这时需要在井下油管柱上安装封隔器、配水器等各种工具，通过下入测调仪器，可以测试各油层的实际进水量，这样我们就可以根据需求将水科学地分配到各个油层。这样的测试需要定期进行，以确定是否达到了设计指标。操作人员还要随时观察记录各注水井的水量、压力变化，发现有不正常的情况及时分析原因，采取调配、洗井或修井等措施，使注水井恢复正常。

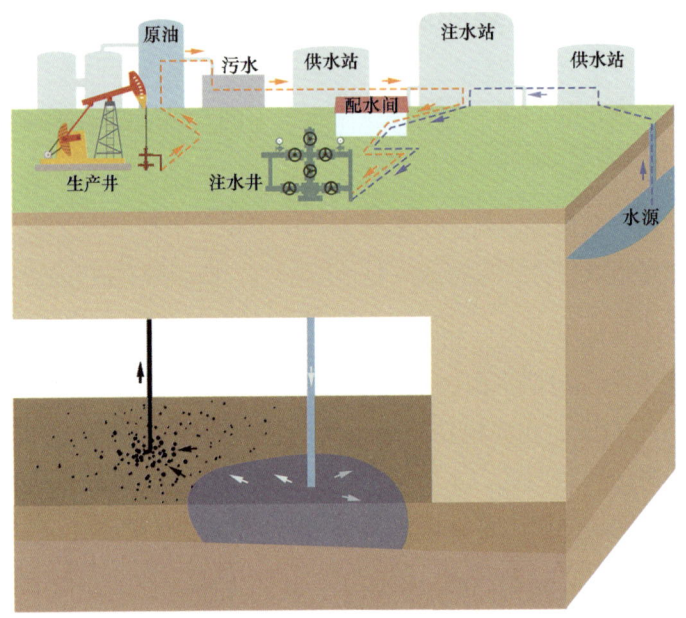

图 2.9　油田注水处理工艺流程示意图

新的注水技术已经开始向自动化、智能化、可视化方向发展，注水技术从第一代、第二代、第三代，已经发展到第四代。

2.6　分层定量注水

一个油田投入开发，如果地下有多个油层，而且分层厚度不大，为节约资金、简化工艺，通常采取油井和注水井同时多层注采的方式进行开发，这种方式称为笼统注水开发。

大庆油田开发初期曾采用笼统注水开发方式,但因为这种方法不够精细,出现了"注水三年,水淹一半,采收率不到5%"的严重问题。于是提出分层注采开发理念,并开创了"六分四清工艺"。

油田开发是否要进行分层注水,这是由被开发油藏油层间的差异大小决定的。由于各油层都是独立封闭的储油体,它们形成油层的地质时期及其

> **小贴士**
> 六分四清工艺:"六分"为分层注水、分层采油、分层测试、分层改造、分层管理、分层研究。"四清"为分层注水量清、分层采油量清、分层产水量清、分层压力清。

形成的条件有所不同,有的油层看上去像面包,孔隙很大;有的油层看上去像砖头或者磨刀石,虽然能吸水但看不出有孔隙,而且各油层含油气组分、原始压力以及温度、厚度、封闭条件等都有差异。其中孔隙大的油层出油容易,产油量大,压力下降快,在相同压力下注水,比孔隙小的油层吸水量多,注入水容易穿过油层从油井返出来。油井里有了出水层,就会使油井产油量大幅度下降。

对于注水井而言,在同一压力系统里对多油层进行注水,也会出现某些层段大量进水、某些层段进水少甚至不进水的情况,这样注不进水的油层里的油也就无法被驱替出来。

为了使各油层能按着配注量进行合理、均匀地注水,提高各油层的水驱油效率,石油工程师提出了分层注水的办法,作为油田注水开发最有效的办法,并得到非常广泛的应用。

在油田进行注水开发的初期,注水层通常只分两层,分层注水最简单的办法是在油管上接一个封隔器(图2.10),放在要分开注水的两组油层之间,就像在油管外面套上一个环形密封圈,采用压缩或膨胀等方式使这个密封圈

图2.10 注水井封隔器

变形而紧贴在套管内壁和油管外壁上，把油管和套管之间的环形空间分隔开来，并保证在一定的压力和温度下也不会上下窜通。在地面上从套管阀门经过油套管环形空间给封隔器上面一个油层（组）注水，从油管阀门经过油管给封隔器下面一个油层（组）注水，注入量按各层需要的水量由地面进行控制，这种注水方式称为"一级两段分层注水工艺"。

科研人员又研制了装有可调换不同直径孔眼（配水嘴）的配水器，分别接在封隔器的上、下对着油层部位的油管上，同时在油管尾部加上一个单向阀，该单向阀是一个在注水时关闭、反向加压可以打开的装置。然后从油管注水，水通过配水器上不同直径的配水嘴分配不同的流量分别进入上、下油层（组）。这样就可以在一个压力系统下，既做到了分层，又可以随时给各油层调配合理的水量，必要时还可以反向循环进行冲洗井作业。

如果想使多个油层配注得更加合理，还可以按具体油层分成三段或四段，用三个或四个封隔器，安装三个配水器，或用四个或五个封隔器，安装四个配水器，就可实现三段或四段分层配注（图2.11）。

分层配注的各层注水量必须经过测试，如果经测试需要对某层调配注水量，则将测调车开至井场，用投捞器把该层

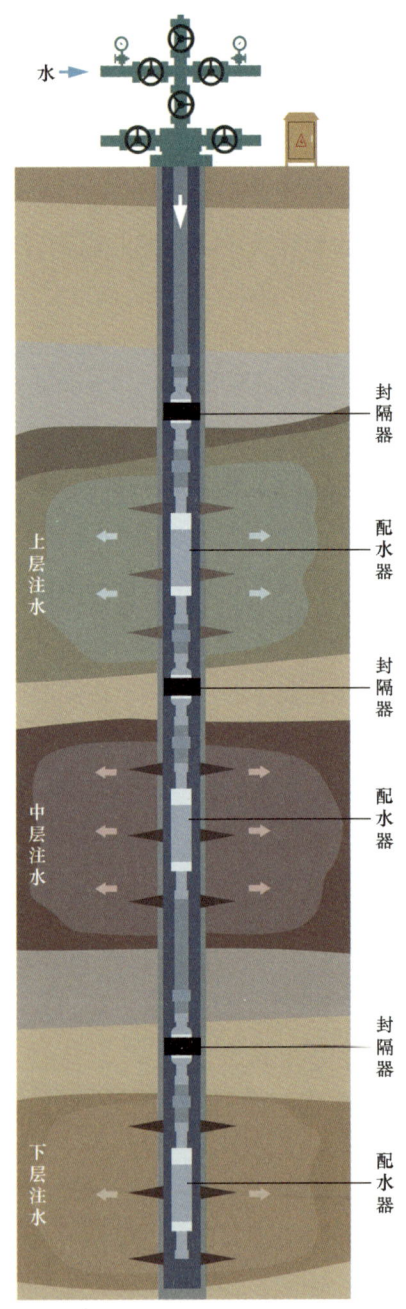

图2.11 分层注水井下管柱示意图

对应的配水器上的水嘴捞出井筒，更换成合适的水嘴后再投放到该配水器上，然后下入测调仪，检验注水流量是否合适。

技术经过不断地创新迭代，第三代分层注水技术已经开始被第四代分层注水技术取代，第四代分层注水技术将配水器内嵌在井下管柱中，并通过一根钢管电缆给井下仪器供电，同时将流量、压力等信号传输至地面控制系统，且能够调整分层水量，实现在线远程进行各层注水量的测调作业。

分层注水实时监测与自动控制技术视频

2.7 分层注水量是怎么确定的？

分层注水使每个油层的吸水量更加科学合理。那么每个油层的注水量是根据什么配置的呢？

在分层注水井中，可以利用分层配水管柱选用不同直径的水嘴，实现分层定量注水，这种工艺技术叫作分层配注。分层配注是为了解决层间矛盾，把注入水合理地分配到各层段，以保持地层压力。对渗透性好、吸水能力强的油层要控制注水量，对渗透性差、吸水能力弱的油层要加强注水，使不同渗透性的地层都能发挥注水的作用（图2.12），实现油田长期高产稳产，提高最终原油采收率的目的。

> **小贴士**
> 注水波及体积是指注入水波及的油藏体积，常用波及的油藏体积与油藏总体积的比值来衡量，称为波及体积系数。

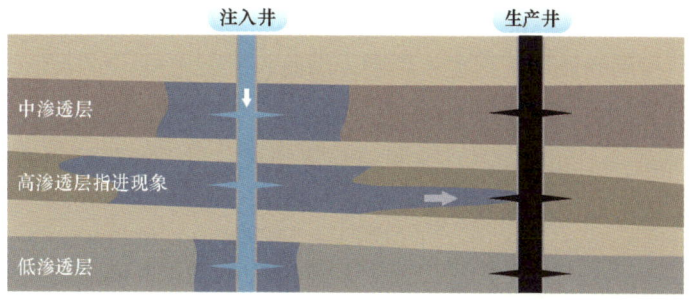

图 2.12　分层配注解决层间渗透率差异矛盾

> **小贴士**
>
> 孔隙度可在实验室测试并计算，其定义是：油层岩心的孔隙体积占同一块岩心总体积的百分数。孔隙度与油层厚度和油层面积的乘积就是油层的总孔隙体积。

在油田注水开发过程中，如果油层厚度大、射开层位多、非均质性严重，往往就会发生注入水沿高渗透层指进的现象，也就是注入水像手指状向前突进，造成油井过早见水，使注水波及体积减小、水驱油效果变差，尤其是非均质性突出的稠油油藏，注入水指进现象更严重。为避免注入水沿高渗透层指进导致油井过早水淹，要根据注水井各地层吸水情况进行分层配注，以确保注入水在各层段均匀推进。

对一个完整封闭的油层，注水量的配置需要进行系统研究、试验分析和计算。知道了油层的厚度和面积，再用仪器测出从油层取出的含油岩石的孔隙度就能计算出整个油层的孔隙体积，这个体积就是要用水去驱替原油的总体积。在油田开发实践中，注入水并不能全部留在油层中并把油气全部驱替出来，而是在注水一段时间后，注入水中的一部分就随着石油一起被采出来。且随着注水时间延长，采出水量逐渐增加，直到油井完全出水时，油层中仍然有相当数量的油气没有被驱替出来。因此，注入水的总量需按油层的总孔隙体积的几倍来进行预测。

根据理论计算和现场经验，一般是在测算了油层产出水能充分利用的基础上，再按总孔隙体积的1.5～1.7倍准备水源。

在注水过程中，为保持油层压力和驱替效果，一般情况下一个油层的日注入水量与日采出液量保持1∶1的关系，也就是油田所说的"注采平衡"。至于每口注水井应注多少水，由于注水井数与油井数的比例不同，油层各部位的注水井控制的油层情况也不相同，因此，分配到每口注水井上的日注水量也是有差异的，可能是1∶1，也可能是1∶2或1∶3等。但对一个油层、一个油藏乃至一个油田，其注水总量与采出液总量一般都控制在1∶1的水平上，这种做法油田上称为"注采平衡"。

为满足油田不同开发阶段的技术需要，解决油田开发的层间矛盾，实现高效有效注水，经过不断研究和技术创新，配水工艺从笼统注水发展到分层注水，从起下管柱调整注水井的水嘴发展到用钢丝绳投捞来调整水嘴，再发展到用电缆控制测调仪来实现地面直读测调，资料录取从单参数发展到多参数、从卡片划线发展到电子存储、地面直读。

分层注水工艺从固定式分层注水、活动式分层注水、常规偏心分层注水发展到同心集成分层注水、桥式偏心分层注水；配套测调技术从钢丝投捞发展到钢管电缆直读测调。"桥式偏心＋钢管电缆直读测调"因其在测试调配方面的优势，已经成为中国油田注水井的主体分注技术（图2.13）。

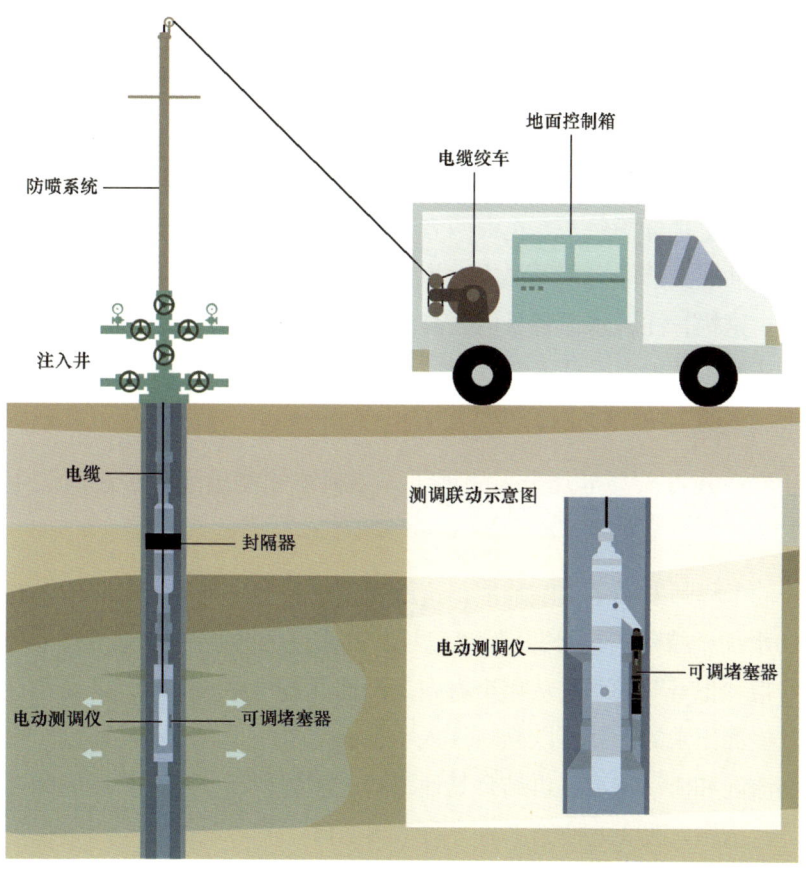

图2.13　注水井测调工艺示意图

随着水驱油田进入高含水开发后期,井筒、油藏条件更加复杂化,同时对井下分层参数监测和高效测调的需求不断提高。分层注水工艺技术的发展要满足不同类型注水井的分注需求,如水平井、大斜度井、深井、高温高压井等。注水井防砂、低配注量分层流量测试、深井/高温高压井分层注水、大斜度井分层注水、分层注水实时监测与控制等技术的研究不断发展,引领分层注水向自动化、智能化、一体化方向发展。

2.8 注入水踪迹侦查员

每个油田都有一张开发井位图,图上可以清楚地表示出油井、注水井的分布情况,注水井和周围对应油井的方向、距离也都一目了然。然而到了深埋在地下几百米到几千米的油层部位,注水井与油井之间的油层分布情况就不像井位图上那样简单了。也许两者之间是不连通的,也许在注水井周围各方向上的油层渗透能力差异很大,也许有未被认识的断层把油井和注水井完全隔开。这样,注入水很容易沿着高渗透方向或沿着断层方向跑到油藏工程师不希望它去的地方,从而难以很好地发挥其驱油作用。所以,搞清楚注入水在地层中的走向,对于提高注水效率至关重要。

油层在几百米甚至几千米的地下,如何才能测出注入水在地层中的走向呢?

石油工程师发明了示踪剂法,这就像侦察员追踪嫌疑人的脚印一样,给注入的水加个特殊"记号"。带"记号"的水注入地层后会向四周推进,记录这些带"记号"的水是从哪个方向上的油井被检测出来的,以及经过多长时间才检测出来的,就可以判断注入水在油层里的走向和流动速度。根据注入水的流向和流动速度,再结合其他资料,油田现场技术人员就能知道应该采取什么措施来改变或控制水流方向(图2.14)。

用来给注入水做"记号"的物质叫示踪剂。示踪剂应具有以下特点:不与油层里的各类物质发生反应或被油层吸附,稳定性好、无毒、使用安全、

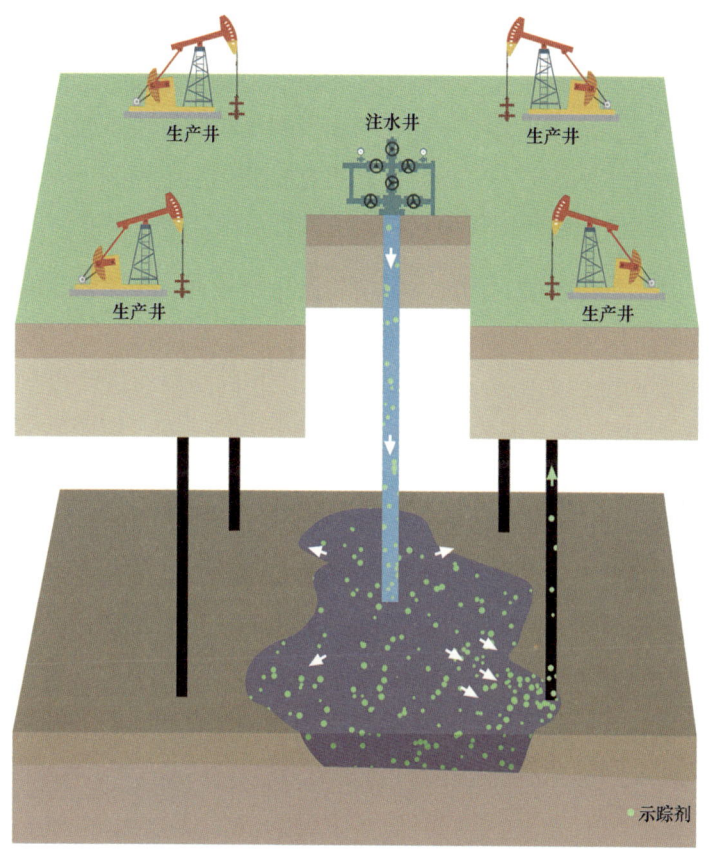

图 2.14　示踪剂法测试水流方向示意图

来源广、成本低，且对生产测井等作业无影响，特别是应能很容易地被检测出来。

经过大量的试验和筛选，按其化学性质划分，有两类物质可用作示踪剂。一类是放射性示踪剂，如氚水、氚化氢、氚化丁醇等；另一类是化学示踪剂，如硫氰酸铵、硝酸铵、溴化钠、碘化钠等。按其溶解性质分为分配型示踪剂和非分配型示踪剂，分配型示踪剂既溶于水也溶于油，非分配型示踪剂只溶于水。示踪剂溶解一定时间后从注水井注入地层。注入后就在周围油井上每天连续采样进行分析检测，直到在油井上连续检测到几个含量高峰值以后，才算检测结束。最先检测到示踪剂的方向，可以被认为是注入水的主要流向，油田上称为主流线方向。

采用示踪剂法检测注入水流向和注入量，检测周期长，工作周期长达几十天甚至几个月，成本也高。于是，科研人员又研究了一种新方法，利用大地电位法检测注水水流方向，这种方法可把检测周期缩短到十天以内，测试准确率很高，国内很多油田都用这种方法进行水流方向的测试。

在注水井正常注水时，用注水井套管给地层接通一个高稳定度的一定强度和一定频率的电流，地面和地下就形成了一个电位场。以注水井井底位置对应地面上的坐标为中心，每隔15度角以相同距离布检测点。一口注水井周围要在24个方向上布72个检测点，看上去是三圈。检测每个点的电位差，就得到一组正常电位场的数值。然后向注水井中注入含有高电解质的溶液，如氯化钠溶液，该溶液和注入的水一样流入地层。这时，供给地层的电流就会大量通过低电阻的电解质溶液流向油层深部，从而使有电解质溶液的方向上和没有电解质溶液的方向上的电流密度有了很大差异，也就是大地电位场发生了异常变化。这时，再通过仪器检测出一组异常电位场的数据，与正常电位场进行比较，由此可以很清楚地看到不同方向上的异常变化，就可以判断出哪个方向是注入水的主要走向。

2.9 水井井筒要清洗

注水井是水驱开发油田向地层注水的通道。注入水进入水井前经过精细过滤，还经过物理、化学处理等过程，达到注入水标准，但注入水中仍存在一些未除掉的杂质，导致注水井筒内也存在腐蚀物、杂质等，这些都会造成注水井井底附近产生堵塞现象，从而造成注水压力升高、注入水量减少，影响油田注水开发效果。因此注水井井筒就需要经常进行"专业疏通"，也就是洗井作业。

通俗地说，洗井作业是指利用高压水来清除注水井井筒、吸水层段渗滤面及井筒附近的污物，进而使吸水层段渗滤面避免或减缓注入水水质的污染、堵塞和腐蚀；通过洗井还可以解除或缓解近井地带已经受到的水质污染及堵塞，从而恢复地层吸水能力，保证注水的正常进行。

> **小贴士**
>
> 使用泵注设备，利用洗井液，通过井内管柱建立管柱内外循环、清除管内污物的作业称为洗井。洗井分为正洗井和反洗井两种方式。反洗井就是从油套管环形空间进水，从油管出水。

一般来说，注水井井筒清洗要遵循油田企业制定的"注水井洗井规范"和"注水井洗井管理要求"。对于油管内壁及井底堵塞物较多的注水井，要采取正洗井（图2.15），或正、反洗井相结合的方式。洗井排量不小于15立方米/时，洗井水量一般不低于井筒容积的2~3倍。

洗井时要注意洗井质量，控制进出口水量达到微喷不漏，洗井排量由小到大，彻底清洗油套管环形空间、射孔井段及井底口袋内的杂物，使进出口水质完全一致。

对于分层注水井一律采用反洗井；对于漏失井，洗井压力应尽量接近或低于地层注水启动压力；

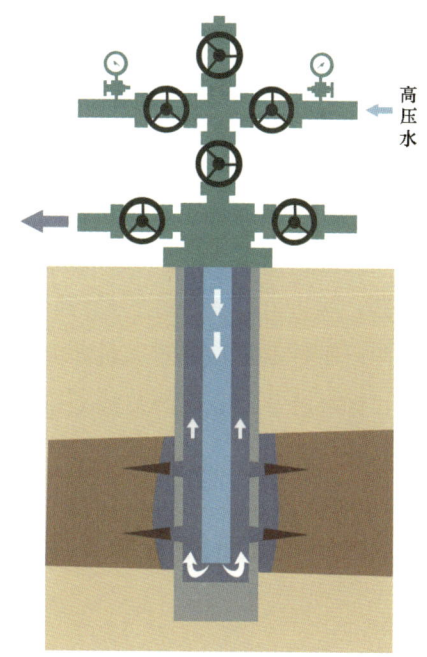

图2.15 正洗井工艺示意图

严重漏失井应采用混气水方式洗井，这样可以降低水对地层产生的压力；对于出砂井洗井，应根据油层出砂特点，平稳控制井口放空阀门，在接近或高于地层注水启动压力条件下洗井，调节洗井排量到20~30立方米/时，保证洗井时不喷，同时注意阀门开关避免突变，洗井时间尽可能短；对于欠注井，根据油层致密程度、不易出砂的特点，平稳控制井口放空阀门，使油压低于地层注水启动压力，关井放空1小时左右，然后再开始洗井；新打的注水井也需要洗井，主要目的是通过洗井将钻井、完井阶段遗留在井筒内的液相、固相、气相等各类物质携带出井筒，达到注水作业的要求。

油田生产过程中，遇到以下情况就必须进行洗井作业：

（1）采油井转为注水井；

（2）正常注水井停注 24 小时以上；

（3）注入水质不合格、不达标；

（4）正常注水井，注入量明显下降；

（5）起下井下管柱作业后。

洗井作业常用的设备是洗井车，车上带有三缸柱塞泵以及全套水处理工艺流程中的分离器、排砂装置，以及管汇、阀门、仪表等。洗井作业时洗井污水通过井口管汇进入两级旋流分离器，将大颗粒的泥砂除去，随后进入磁处理器，除去含有铁磁性的悬浮物；处理后的水进入清水箱，水箱中的滤后水再由三缸柱塞泵输送进入注水井井口套管，进行洗井循环作业。整个系统实现自循环洗井作业，洗井液不得任意排放，避免造成环境污染。

2.10　注水井也用上了人工智能

油田开发分层注水工艺经历了固定式分层注水、钢丝投捞式分层注水、电缆测调式分层注水三个发展阶段。随着水驱油田进入高含水开发期以及电子、信息、人工智能等新技术的发展，分层注水工艺进入了第四代智能测调时代，相关技术的研究正在向智能化方向发展。

以"桥式偏心+钢管电缆直读测调"为主体的智能化分层注水技术，在油田注水中已得到大规模推广应用，大幅提高了注水井测调效率，缩短了测调时间。

近年来，数字化分层注水研究和应用快速发展。其中预置电缆式分层注水技术最具代表性。以下几种工艺已经实现可投捞式实时监测。分层注水技术将电池、传感器、控制器、无线通信天线等全部集成在配水器上，实现自动测调和参数监测功能。其结构包括可投捞一体化智能配水器、力感定位投捞工具、接力通信系统、地面控制系统以及偏心分层管柱。

什么是智能化分层注水技术呢？具体来说，主要有可充电式、预置电缆式、流量测量三项关键技术。

可充电式实时监测分层注水工艺的核心是可充电一体化配水器，主要包括电源模块、远程双向通信模块、参数采集模块、主控单元模块和流量调控模块。其中电源模块包括

智能分层注水技术视频

非接触电源转换模块、电源管理系统和高能充电电池；远程双向通信模块包括天线、电力载波模块和无线通信模块；参数采集模块由一路温度传感器、两路压力传感器（分别采集地层压力和注水管内压力）、涡街流量传感器组成；主控单元模块包括整套配水器各功能模块的控制电路，实现整体调配工作的核心控制；流量调控模块有大扭矩直流减速电动机、传动总成、流量控制阀。

预置电缆式分层注水技术借鉴智能完井技术原理，将智能配水器长期置于井下，通过外置电缆将各层段配水器与地面控制平台实现连接，实现井下分层压力和注入量等参数的实时监测，并可自动调整分层注入量完成对储层的参数采集和注水调配工作，同时能稳定地为井下智能装置提供电能。

流量测量是分层注水工艺中最为核心的技术（图2.16）。在传统的分层注水工艺中，由于受到地层压力与水嘴堵塞等因素的影响，流量测量存在较大误差，导致井下单个注水层的实际注入量与设计注水量相差较远，降低了注水合格率。

在分层注水工艺中，要实现对井下注入水量的在线采集与监测、同步反映单井各层段注水量的变化情况、自动读取流量计反馈信号、实现注水量的智能调节等工作都需要基于智能测控技术来完成，井下温度、压力、流量信息的实时监测及存储是井下测控系统的核心技术。

图 2.16　智能分注工艺示意图

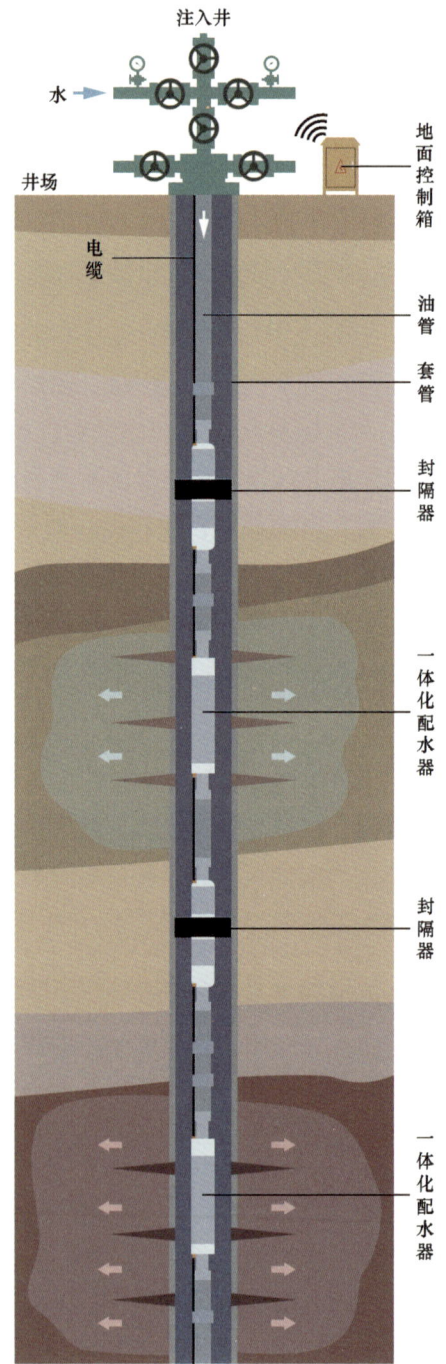

无线通信技术主要应用于非预置电缆式智能分层注水工艺中。在注水作业时，智能配水器系统将井下温度、压力、流量信息实时采集并存储在存储器内，在需要通信时，由井上投入测调仪，使得通信短节与配水器进行无线通信，完成对智能配水器的数据读取和指令发送，最后通过电缆传输的方式将读取数据传输到地面。

智能化是未来油田井下装备的发展趋势，分层注水系统智能化的核心包括井下数据实时监测和水嘴开度值自动测调。井下数据实时监测是指智能分层注水技术能将地层压力、温度、配注量等数据的变化实时采集；水嘴开度值自动测调需要系统通过控制算法，将采集的数据作为初始值与预设值比较，智能优化得到渗透层所需要的注水量，实现水嘴开度值自动控制，从而达到实时调节配水器井下配注量的目的。

现在，刘合院士团队的水驱分层开采技术研究，已经不仅仅局限于数字化分层注水，而是拓展到智能化水驱注采一体化技术，简单来说，就是要实现数字化的分层注水、分层采油和人工举升，实时监测注入剖面、产液剖面和人工举升生产数据，实现井场"无人测试""无人施工"，同时要建立注采与油藏工程一体化平台，实现智能化注采方案优化和工程实施。智能化水驱注采一体化技术研究将有力促进水驱开发形成精细化高效开发新模式，提高水驱开发效果和采收率。

2.11 注入水中添加聚合物

聚合物是一种具有一定黏度的高分子有机化合物，可分为天然聚合物和人工合成聚合物两大类。天然聚合物是从自然界植物及其种子中得到的，如改进的纤维素类，有的也可以从细菌发酵中得到，如生物聚合物黄胞胶；人工合成聚合物，如聚丙烯酰胺（PAM）和部分水解聚丙烯酰胺（HPAM）等。油田常用聚合物有聚丙烯酰胺和黄胞胶。

高分子聚合物与溶剂分子的大小相差悬殊，溶剂分子能比较快地渗入聚合物，而高分子向溶剂中扩散却非常慢。聚合物溶解过程要经历两个阶段，先是溶剂分子渗入聚合物内部，使聚合物体积膨胀，然后才是高分子均匀分散在溶剂中，经过熟化过程后，形成完全溶解的分子分散体系。聚合物溶液是非牛顿流体，在流动过程中形态的变化导致了聚合物溶液的宏观性质也发生变化。聚合物溶液的黏度随剪切速率的变化与高分子溶液中的形态结构有关，当剪切速率增加到足以使高分子链断裂时，发生聚合物降解，黏度下降。聚合物相对分子质量越高，黏度越大，溶液浓度增加，黏度也会增加。

在注入水中添加聚合物是油田提高原油采收率的一种最有效的三次采油方法。油田开发经历一次采油、二次采油之后，油层中仍然存在大量的剩余油不能开采出来，经过长期的科学实验，石油科学家发明了聚合物驱油法。

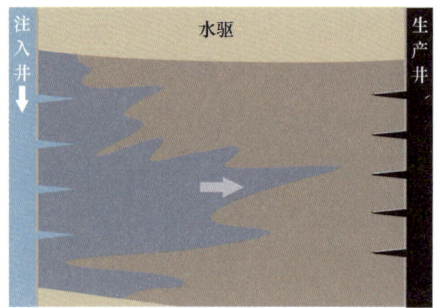

图 2.17　水驱过程中的指进、舌进现象

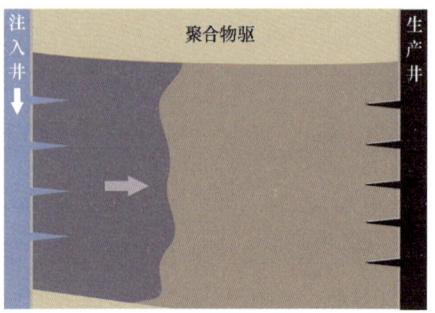

图 2.18　聚合物驱油效果

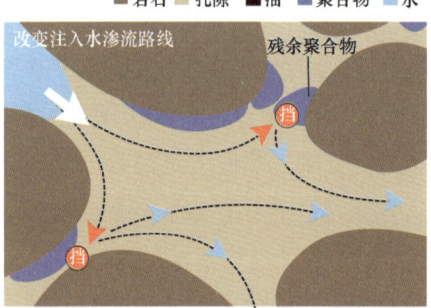

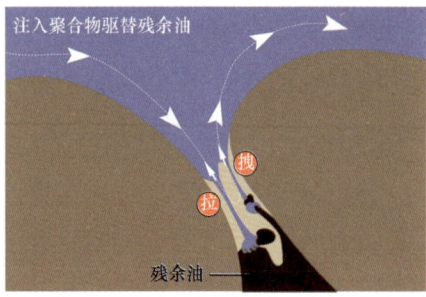

图 2.19　聚合物驱油机理示意图

聚合物驱就是充分利用聚合物的高分子特性，增加注入井下流体黏度、降低界面张力、改善流度比，从而提高原油采收率。

在注水井中注入聚合物，可以提高注入水的黏度，改善油水之间的流度比，减少水驱过程中的指进、舌进现象的发生（图 2.17），提高驱油剂的纵向和横向的波及体积。同时，聚合物水溶液还可以降低水的相对渗透率，而油的相对渗透率则可以保持相对不变，这有利于降低含水率，提高聚合物溶液的驱油效率（图 2.18）。

聚合物在渗流过程中，会有少量聚合物分子吸附捕集在岩石表面，从而降低高（中）渗透层或高（中）水淹层的渗透性，增加注入水的渗流阻力，对后续的注入水形成一定的残余阻力，在一定意义上说可以促使注入水改变流向，进而扩大平面上波及体积和纵向上水淹厚度，提高原油采收率（图 2.19）。

在聚合物驱油过程中要尽可能减少降解，保持聚合物较长时间的稳定性。减少聚合物降解的主要方法有：尽可能降低机械剪切强度，当聚合物溶液发生流动时，尽量减轻其承受的剪切应力和拉伸应力；避免化学降解，尽力避免与某些化学因素作用，如氧、过渡金属或残余杂质等；避免生物降解，特别是在较低温度和含盐度条件下更容易发生生物降解。

油田配制聚合物应采用低矿化度水，特别是控制铁离子含量，对所有容器和管道都要有严格的防腐措施。温度控制在70℃以下，严格控制微生物含量，聚合物溶液的输送、注入均采用容积式泵，计量选用电磁流量计。

以大庆油田为代表的聚合物驱已经实现了工业化应用，成为中、高渗透油藏开发中、后期的主体技术。大规模工业化的聚丙烯酰胺生产、方案设计手段、三次采油成套设备制造等完全实现了国产化，技术水平和应用规模均世界领先。

2.12 注入水中添加洗油剂

衣服落下了油渍怎么办，加点洗涤剂，泡一会，洗一洗，就干净了。地层中的石油采用注水开发方式驱替后，地下仍然有一部分石油顽固地吸附在地层岩石孔隙的内壁上，为把油藏中的石油吃干榨尽，石油科学家提出，我们也学习一下洗衣服的原理，往注入水里面加点洗涤剂，由此诞生了化学驱和复合驱。

化学驱就是利用注入油层化学剂溶液的化学特性，改善原油、化学剂溶液、岩石之间的物理化学性质，以大幅度提高石油采收率的一种方法（图2.20）。

化学驱油技术是一项比较大的系统工程，涉及高分子化学、油田化学、石油地质、油层物性、油藏工程等多个学科，比注水开发要复杂得多，并且投资高、风险大，必须协调好各个系统或环节，否则可能导致整个工作的失败。为了使这项工作能够顺利地开展，并达到增加采收率的预期目标，需要将各个环节有机地联系起来，成为一个整体。

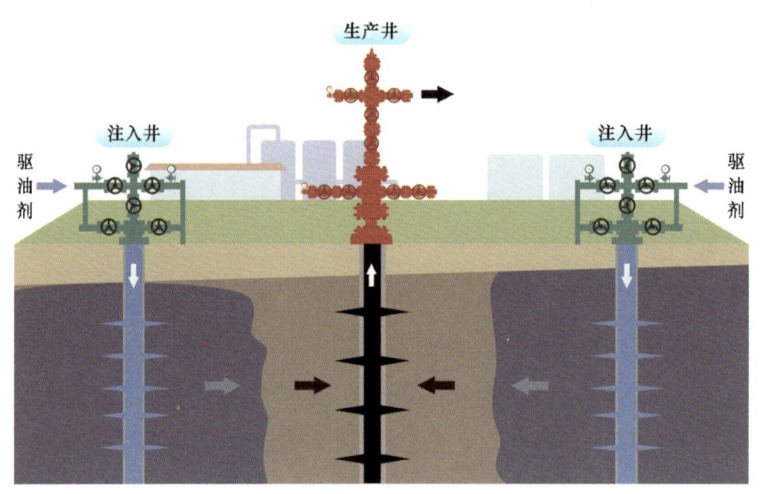

图 2.20 化学驱驱油机理示意图

化学驱项目成败的关键在于油田的地质条件和水驱开发状况,因此矿场实施一般要历经三个阶段,即先导试验阶段、扩大试验阶段和工业推广应用阶段。先导试验的目的主要是验证实际化学驱油技术的可行性,一般选取油藏和水驱开发有代表性的区块,面积小,井组少,以便在较短的时间内见到驱替效果。通常利用油藏工程方法研究、现场直接检测等方法对含水率变化、产油量变化、注采压力变化、采收率提高幅度、化学剂利用率等进行评价。扩大试验的目的主要是证实技术的经济可行性和推广应用的可能性,一般面积较大、井组多,以取得工业推广应用的经验。通常要考虑财务净现值、财务内部收益率、投资回收期等经济指标以及合理的注采井网井距、注采层系组合、注入量、影响因素等技术层面。在先导试验和扩大试验取得成功之后,即可进行大规模的工业推广应用。

根据注入化学剂的不同,化学驱家族中有很多分支,化学驱可分为聚合物驱、表面活性剂驱、碱驱以及由它们组合起来的二元复合驱、三元复合驱。

表面活性剂的作用是:可以降低聚合物溶液与油的界面张力,提高洗油能力;可使油乳化,提高驱油介质的黏度;若表面活性剂与聚合物形成络合结构,可提高聚合物的增黏能力;可补充碱与石油酸反应产生表面活性剂的不足。

碱的作用是：可提高聚合物的稠化能力；与石油酸反应产生表面活性剂，可将油乳化，提高驱油介质黏度；与石油酸反应产生的表面活性剂与合成的表面活性剂有协同效应；可与钙、镁离子反应或与黏土进行离子交换，起到牺牲剂的作用，保护了聚合物和表面活性剂；可提高砂岩表面的负电性，减少砂岩表面对聚合物和表面活性剂的吸附量。

中国化学驱技术起步于 20 世纪 60 年代初，至今主要经历了四个发展阶段。

第一阶段：20 世纪 60 年代初期至 20 世纪 70 年代中期的探索阶段。该阶段以学习国外技术为主，以高浓度、小段塞化学驱理论为基础，重点攻关黏性水驱和乳状液驱，化学剂浓度高、成本高。该阶段开展了井组规模的试验，但针对中国油藏实际情况的化学驱主攻方向并没有明确。

第二阶段：20 世纪 70 年代中期至 20 世纪 80 年代末期的优选方向阶段。认识到针对中国陆相沉积、非均质严重的储层，应主要攻关低浓度、大段塞的化学驱技术。碱水驱、聚合物驱、表面活性剂驱等进入现场试验，通过效果对比，明确了聚合物驱为今后主攻方向。

第三阶段：20 世纪 90 年代初期至今的聚合物驱阶段。有针对性地开展先导试验和工业试验，攻关形成聚合物驱配套技术。在大庆油田建成年产 1000 万吨原油、世界最大聚合物驱原油生产基地，化学驱技术世界领先。

第四阶段：21 世纪初期至今的复合驱攻关阶段。突破了低酸值原油不适合三元复合驱的理论束缚，实现了表面活性剂的自主生产，形成了配套工艺技术系列，在国际上率先成功实现工业化。

2.13 变废为宝：二氧化碳地下换石油

二氧化碳（CO_2）与人们的生活息息相关，人类吸入氧气，呼出 CO_2，一呼一吸之间延续着生命。

CO_2 对所有绿色植物非常重要,是进行光合作用的主要原料,光合作用消耗 CO_2,释放氧气。

CO_2 是很重要的化工原料,可以合成许多性能优异的高分子材料。在人们的日常生活中,CO_2 也扮演着非常重要的角色,如用于食品冷冻保鲜、饮料啤酒开胃添加剂、灭火剂、优质钢材质量稳定剂、烟丝膨胀剂、CO_2 保护焊等。

在石油工业领域,CO_2 可以注入地下换取石油,CO_2 可以用作驱油剂提高原油采收率,也可以用作压裂液实现无水压裂。研究与实践证实:CO_2 驱油可以达到 CO_2 埋存和提高原油采收率的双重目的,也就是现在的 CCUS（Carbon Capture,Utilization and Storage,二氧化碳捕集、利用与封存）。

> **小贴士**
>
> 混相驱：向地下油层注入能与原油在地层条件下完全或部分混相的流体，驱替油层中原油提高采收率的一种开采方法。

石油工作者通过一套地面流程,把收集到的 CO_2 注入地层。这些 CO_2 在合适的压力、温度条件下和一定的原油组分就会产生一种"混相"的现象,形成单一液相,既然有新元素融入,那么原油性质自然而然地会发生改变,原油黏度降低,体积膨胀,原油流动起来比以前更容易了,比原先更有"力气"流动了。同时萃取和汽化原油中的轻烃组分,降低原油相对密度,这样注入的 CO_2 就可以有效地将地层原油驱替到生产井,增加原油产量,提高原油采收率（图 2.21）。这项技术不仅能满足油田开发的需求,还可以解决 CO_2 的埋存问题,保护大气环境,抑制温室效应。该技术适用于常规油藏,对低渗透、特低渗透油藏,可以明显提高原油采收率。

不同的油藏,地质条件不同,CO_2 的注入方式也有所不同,增油效果也不同,石油工程师研究了以下三种注入方法。

（1）注 CO_2 气体。直接向已枯竭的地层中连续注入 CO_2 气体,该方法见效快,但 CO_2 消耗量大,一般为地层孔隙体积的几倍,而且容易发生早期气窜,CO_2 利用率低。这种方法不适于压力过低的油藏,因为这类油藏一

方面需要大量的 CO_2，另一方面过低的压力下 CO_2 与原油混相困难，结果就是只有少量轻质烃采出，而大量重质烃留在地下。

（2）注碳酸水。利用 CO_2 溶于水的性质，将水与 CO_2 溶液注入地层后，水中的 CO_2 在分子扩散作用下与原油接触并驱油。该方法结合了水驱和 CO_2 驱的特点，原来水不能波及的地方，由于水中溶有 CO_2 而能被波及，一般碳酸水波及系数要比普通水驱高出几倍。同时，由于原油与 CO_2 要比水与 CO_2 在化学上有更深的"亲缘"关系，因此在碳酸水与石油接触时，CO_2 的分子发生扩散，从而使附着在岩石骨架表面上的重质油膜"疏松"化，最终使这些油膜移动，提高了洗油效率。

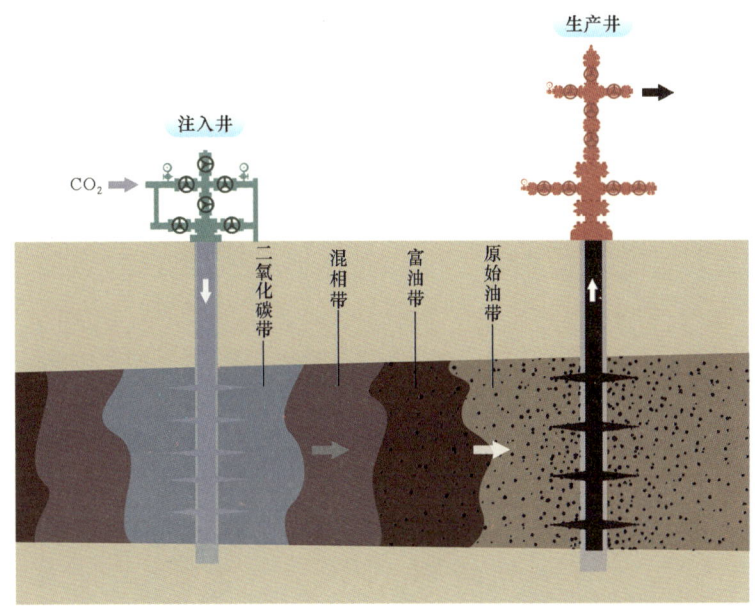

图 2.21　二氧化碳混相驱机理示意图

（3）水、CO_2 气体段塞交替或同时注入。根据不同的油藏特点，采用不同的段塞尺寸将 CO_2 和水交替注入油层中驱油。由于改善了 CO_2 的流度，影响相对渗透率，提高 CO_2 的体积波及系数和利用率，交替注入方式是经济有效地提高采收率的工艺方法。

三 物理与化学携手促油气增产

石油开采追求高产、高效益，尽可能在短时间内采出更多的油气。油气增产有何好办法呢？石油科学家和工程师想出的方法有物理法，也有化学法，拿地下石头说事，向储油的石头开刀。可以说十八般武艺齐发力，水力压裂、酸化、堵水、防砂等工艺新技术，推广应用见奇效。

3.1 怎样使油井多产油？

图 3.1 中国台湾苗栗一井

油井的产量有高有低，差距之大可以说是天上地下，如 1878 年在中国台湾苗栗钻的苗栗一井日产油仅有 0.759 吨（图 3.1），而 1901 年在美国得克萨斯州钻的一口井日产油高达上万吨。

油井产量如此悬殊的原因有哪些呢？这主要与地质特点和地层含油情况直接相关，也有工程方面的原因，找到这些原因并加以分析，就有可能寻求到一些使油井多产油的有效方法（图 3.2）。

首先我们要弄清一个问题，原油是从哪里流动到井筒的呢？原油是从储存原油的地下岩层流动到井筒的，这个流动距离从几米到上千米。那么怎样才能让地层里的原油更多地流动到井筒呢？我们就需要了解原油在地下岩石中流动的机理。人们都知道，在北方农村采用水垄沟灌溉农田时，水垄沟越宽，水量越大，沿途携带的杂质越少，阻碍物越少，水流就越快到达农田里。同样的道理，地下岩层是多孔储集介质，地下岩石孔渗性质越好，存储的油量越多，岩层地层能量越大，原油的品质越好，流动通道越畅通，原油就能够更多更快地流动到井底，结果就是油井产量高。

产量不仅与油流动的距离有关，也与储层中的含油量和油品特性有关，评价含油量的专业说法就叫储量丰度，储量丰度是天然形成的，人们是无法改变的，那就换一个思路，能否改变储层的能量呢？答案是肯定的，如针对天然能量不足，采用向油层注水、注气等方法提高地层能量，以保持或者增加油井的产量。

三 物理与化学携手促油气增产

图 3.2 多路径提高单井产量的有效方法

能否改变地下油品特性呢？我们重点关注的是地下原油黏度大的问题，可以采用注蒸汽加热、火烧油层等方法，使稠油变稀，提高原油自身的流动能力，或者采用化学驱，减小原油在岩石上的附着力，改变流动环境。

储层允许油流动的通道不一样，也决定了油井产量的不同。通道大，油流动时就容易些；通道小，油流动到井底就很困难。

> **小贴士**
> 储量丰度：单位含油面积所拥有的油气地质储量，一般用万吨/平方千米表示。

还有部分工程原因是在各种作业措施中可能对油层造成污染，这种污染或多或少会堵塞油流通道，影响油井产量。针对油层流动通道小或者污染通道堵塞的难题，人们发明了水力压裂和油水井酸化技术，用以改善油流通道，大幅度提高油井产量。

有了这些方法和相应的工艺技术，就可以因地制宜地在油田进行应用，从而实现油井最优化提高产量的目标。

3.2 把地下岩石劈开裂缝

地下油气储层渗透性有高有低,因此,高渗透储层的油井产量就高,而低渗透和特低渗透储层的油井产量就低。低渗透和特低渗透储层的岩石相对致密,人们形象地称为"磨刀石",要想从"磨刀石"中把更多的原油采出来有什么好办法呢?

从深埋地下几千米的"磨刀石"中把原油采出来可真不是一件容易的事。最终石油科学家和石油工程师发明了一种神奇的方法,那就是"压裂增产法",这种方法就是在地下岩石中"劈开"一条、多条甚至上百条裂缝,并用石英砂等坚硬的颗粒把裂缝撑住,人为造出地下原油流动的"高速路网",使原油快速流向井筒,提高储层的渗透率,达到增加原油产量的目的。

> **小贴士**
> 渗透率:指在一定压差下,岩石允许流体通过的能力,单位是毫达西。大于2000毫达西为特高渗透率,500~2000毫达西为高渗透率,100~500毫达西为中渗透率,10~100毫达西为低渗透率,小于10毫达西为特低渗透率。

在地下储油岩层"劈开"裂缝需要巨大的能量,这些能量由地面各种大块头机械装备来提供。

"劈开"裂缝有多种方法,最先发明的是水力压裂法,后来又发展出了酸化压裂、高能气体压裂、二氧化碳压裂、体积压裂等方法。世界上第一口压裂井作业,1947年在美国的堪萨斯州Houghton油田实施,中国第一口压裂井作业是在玉门油田的老君庙油田实施(图3.3)。

图 3.3
中国第一口油井压裂
(1955年5月老君庙N5井)

水力压裂法发明最早，应用也最广泛。这种方法依靠地面的多台高压泵车，将高压压裂液从地面注入井筒，在油井井底产生高压，利用液体的不可压缩性迫使地下储层岩石破裂形成裂缝并向地层深处延伸。为保证停泵后压裂裂缝始终保持开裂状态，向裂缝中填充砂子形成支撑（图3.4）。

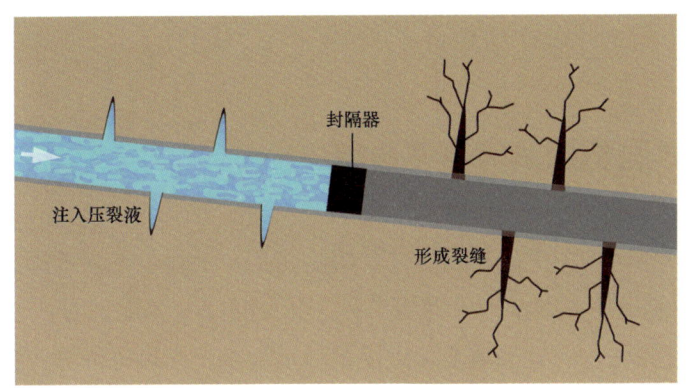

图3.4 水力压裂工艺原理示意图

在地下将砂子填入岩石裂缝是一件非常困难的事情，一方面需要把砂子填充到位，另一方面要保证砂子有足够的强度不被压碎，以保证在劈开裂缝的液体压力释放后，在地应力作用下裂缝闭合时，充填裂缝的砂子不会破碎并形成高速通道。为了将砂子送入裂缝，需要采用高黏液体携带砂子，并通过井筒输送到裂缝中的预定位置，这种携带砂子的液体在工程上称为携砂液。

开展水力压裂最重要的环节是做好压裂工艺设计，以达到最佳压裂效果，设计既要考虑储层岩石类型、储层孔渗特性等情况，也要考

> **小贴士**
> 压裂液：水力压裂改造油气层过程中的工作液，起着传递压力、形成和延伸裂缝、携带支撑剂的作用。

虑地域情况，如戈壁、丘陵、平原的压裂井场大小、用水来源等，同时还要考虑经济性，如选用什么样的砂子，压裂液体才能获得最高的投入产出比。

压裂增产措施由早期的直井解堵为主，发展到非常规储层水平井分段压裂，先后经过了单井直井压裂、整体压裂、开发压裂、直井多层压裂、水平

井多段压裂和体积压裂等发展阶段。水力压裂在较长一段时间内都是应用在直井、砂岩储层中,人们一度认为地层产生的裂缝形态较为单一,然而因岩石的性质不同,所形成的裂缝宽窄、长短、高低并不一样。可以通过微地震裂缝监测、测斜仪、光纤监测等多种方式来观察裂缝的几何形态,进而评价压裂的效果。

3.3　小砂粒构建油流高速通道

小砂粒在压裂施工中起到支撑裂缝的作用,工程上形象地称之为"支撑剂"。最早使用的支撑剂为天然石英砂,价格低廉、取材方便,加之水力压裂早期的井较浅,石英砂基本可以满足承压要求,有较好的适应性,因此得以广泛应用。

根据支撑剂的特性要求和产地来源,石油工程师试验使用了核桃壳、玻璃珠、陶粒等多种材料成分的支撑剂。一旦某一种支撑剂被选中,就将大量地应用到油井的压裂施工中,用于建立高于储层原始渗透率千百倍的油流高速通道,实现油井高产,达到增产目的(图3.5)。

图 3.5　水力压裂建立油流高速通道原理图

按产地、性能、加工处理工艺，压裂用支撑剂可分为三大类：天然石英砂支撑剂（图 3.6）、人造陶粒支撑剂（图 3.7）、覆膜支撑剂。理想的支撑剂能够在裂缝闭合的压力作用下，仍然能够保障液体流动通畅，易于被携带送入裂缝深处，不易破碎，不易被地下流体腐蚀，圆球度好，且价格便宜、来源广泛。

图 3.6　天然石英砂支撑剂

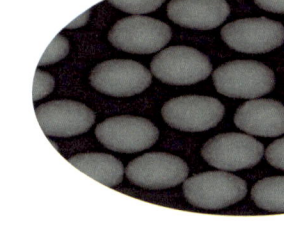
图 3.7　人造陶粒支撑剂

石英砂支撑剂产地分布广，处理工艺简单（图 3.8），价格低廉，因此应用非常广泛。新疆陆梁、兰州安宁、宁夏青铜峡、河北围场、内蒙古赤峰和通辽等是我国油井水力压裂石英砂支撑剂的主要产地，国内石英砂支撑剂年用量已经超过 275 万吨，如果用 60 节车厢的中欧班列运送，大概需要 275 趟。我国有丰富的石英砂资源，但不是每一种石英砂都能作为压裂的支撑剂，石英砂支撑剂选择有严格的标准，既要考虑砂子的抗压强度，又要考虑圆度，还要考虑均匀度，同时要考虑经济成本。

图 3.8　压裂用石英砂处理场

20 世纪 90 年代，为适应深井压裂增产措施的要求，发明了一种称之为陶粒的支撑剂，它是由铝矾土烧制而成的圆球状颗粒，陶粒均匀，粒度、圆度均可控，最常用的陶粒直径为 0.5～0.8 毫米。人造陶粒支撑剂制备工艺主要有熔融喷吹法和烧结法两种，相对于石英砂支撑剂，陶粒支撑剂有强度高、导流能力高等优点，其破碎率比石英砂低，导流能力的递减率也较慢，但同时也因密度较大，对压裂液的性能以及泵送条件都提出了更高的要求，从而增加了作业成本。

覆膜支撑剂是一种特殊工艺制成的支撑剂，就是对传统的石英砂、陶粒支撑剂进行了覆膜加工，提高了支撑剂的承压性能。常用的覆膜材料主要有预固化树脂覆膜支撑剂和可固化树脂覆膜支撑剂两类。

如何优选支撑剂呢？首先考虑油藏条件和工艺要求，并通过实验室测试综合评价支撑剂的物理性能和导流能力（图 3.9）。物理性能主要考虑支撑剂粒度组成及分布、圆球度和表面光滑度、浊度、酸溶解度、密度、抗压强度。充填支撑剂的裂缝导流能力主要考虑短期导流能力和长期导流能力。

图 3.9　导流能力测试实验装置

3.4　压裂后"自动消失"的压裂桥塞

压裂是一种最有效的油气井增产和注水井增注的工艺，既可以在直井实施，也可以在水平井实施。水平井分段压裂是大幅度提高单井产量的重要手段，已经成为低产、低效油藏开发的首选。

直井压裂工艺相对简单，压裂层级少，油田应用广泛。水平井压裂层级多，工艺复杂，特别是多级分段压裂施工周期长、压裂工具数量多、压裂后工具需要下钻头钻除，施工费用很高。

压裂施工中最重要的工具是压裂桥塞，它用来封隔地层，可以减少工序，缩短施工周期，实现精准卡封。传统的压裂用桥塞有永久式桥塞、可取式桥塞、可钻式复合桥塞，这些桥塞都对水平井多段压裂具有一定的局限性。

> **小贴士**
> 合金材料：是指一种金属与另一种或几种金属或非金属经过混合熔化、冷却凝固后得到的具有金属性质的固体产物。

石油工程师采用先进材料，发明了一种新型的可溶式压裂桥塞，这种桥塞在压裂造缝结束后的一定时间里，在地层温度、压力和液体综合作用下，可溶桥塞在高温高压环境下与井筒内液体发生化学反应，逐步溶解成碎块甚至颗粒，并随返排液排出井筒，实现自行分解、"消失"、自动解封，这样就省去了传统桥塞钻磨或打捞的复杂工序，消除传统工艺磨铣对地层的污染，简化施工环境，降低施工风险和成本。

可溶桥塞是如何构成的呢？其主要由桥塞基体、锚定机构及密封件三部分组成（图3.10），桥塞基体由高强度可溶材料制成，包括中心管、锥体、保护环及接头等。锚定机构采用可溶材料作为载体，表面经过合金粉粒、合金颗粒或陶瓷颗粒处理。密封件为可溶性橡胶或塑料。

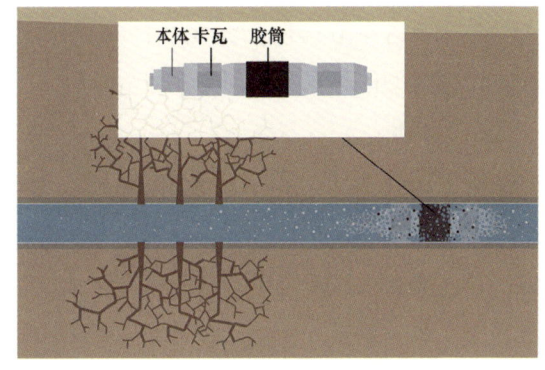

图3.10 可溶桥塞工作示意图

可溶桥塞是如何溶解的呢？其基体主要由高强度镁铝合金或高分子材料加工制作，镁铝合金以镁成分为主，密度小，比强度高，具有良好的机加工性能，特别是其化学活性高，在潮湿环境中易溶解。另外聚乙醇酸（PGA）是目前常用于制作桥塞基体的一种高分子材料，经过调制优化，具有接近于镁铝合金的强度和力学性能，在液体环境中，在一定温度条件下发生水解反应，高聚物主链上不稳定的 C—O 键分解成低聚物，最终降解为二氧化碳和水。

可溶解桥塞分段压裂技术视频

这种可溶桥塞已在低渗透、非常规油气储层的压裂作业施工中规模应用，实现了对传统桥塞压裂工具的彻底颠覆，它是新材料、新工艺在石油工业中的融合创新和应用的典型，被人们称之为见水就化的分段压裂神器。

3.5 几十台大块头车组齐发力

水力压裂是如何将压裂液与支撑剂送入地层的呢？地面的压裂车组承担了这一关键任务，压裂车组包括压裂泵车、混砂车、仪表车、管汇车等，压裂车组中单台车的个头就像高速公路上常常见到的运送集装箱的大货车，只不过它并不是运送集装箱，而是装载着压裂动力设备和混砂装置。通常一套压裂车由 5~10 台压裂泵车、1~2 台混砂车、1 台管汇车、1 台仪表车等组成，超大型压裂现场各种车辆能达到上百台。

压裂车组的所有车辆中，压裂泵车是压裂实施过程中的主角，为施工提供能量，向井内注入高压、大排量的压裂液，将地层压开，把支撑剂挤入裂缝（图 3.11）。压裂泵车主要由载车底盘、车台发动机、车台传动箱、压裂泵、管汇系统、润滑系统、电路系统、气路系统和液压系统等组成，其中柱塞压裂泵是压裂车的核心组件。压裂泵车主要分为传统柴油驱动、双（多）燃料驱动、涡轮驱动、电驱动泵车等。由车载发动机通过液力机械传动箱经传动轴驱动，泵送的压裂液一般含砂和具有腐蚀性，要求直接和液体接触的柱塞、缸套、阀和阀座以及泵头等应有较好的耐磨性和耐腐蚀性。目前形成了 1000~4500 型系列压裂泵车，新型为 6000 型电动压裂泵车，常用的是 2500 型压裂泵车。

混砂车的功用是将压裂液与支撑剂混合成不同砂浓度的携砂液（图 3.12）。

混砂车由传动系统、供液系统和输砂系统三部分组成，可根据设定的比例和程序进行混砂作业，并能按照压裂工艺要求向压裂泵车供应不同性能的压裂液，作业时。混砂车将液罐中的压裂液送至混合罐内，并与添加剂和支撑剂混合，然后排至压裂泵车。混砂车输出排量有16立方米/分和20立方米/分，输砂能力分别为7200千克/分和9560千克/分。

图 3.11　压裂泵车

图 3.12　混砂车

仪表车是压裂车组的神经中枢，在压裂施工中远距离遥控压裂车、管汇车和混砂车，进行实时数据采集、显示、施工监测及裂缝模拟，并对施工的全过程进行分析。

管汇车由底盘、随车吊、高低压管汇及高低压管件、高压管件架、高压管件箱、低压管件盒、灌注泵、试压泵等组成。管汇车上的低压管汇是将混砂车中处理好的液体输送到压裂泵车的通道，而高压管汇则是压裂泵车将压裂液泵入井筒的通道。

压裂泵车工作以功率大小和限压作为优化泵车数量的指标,小型压裂一般采用1~2立方米/分的小排量施工,一台压裂泵车就可以完成任务,大型压裂采用14~16立方米/分排量,甚至更高排量的大排量作业,就需要几十台大块头车组通力协作,最新设备还包括新型电动压裂橇(图3.13)。

图3.13 电动压裂橇

非常规油气的规模开发,使连续施工、大负载、长时间的"工厂化"压裂施工作业成为新景象,多套压裂车组在井场轰鸣场景十分壮观(图3.14)。

图3.14 大型压裂施工现场

3.6 高压气体也能把地层劈开缝

高能气体压裂是利用气体把地层压开，如何使气体产生使地层破裂的能量呢？高能气体压裂是利用火药或火箭推进剂在井筒中快速燃烧，产生大量的高温高压气体进入地层，从而压出裂缝，改善近井地带的储层渗流能力，实现提高油气井产量或注水井注入量的目的。

高能气体压裂起源于井筒大爆炸事故，20 世纪 70 年代中期后，石油科学家研究了事故的机理和产生的后续影响，发明了高能气体压裂增产技术。

高能气体压裂与传统水力压裂有哪些区别呢？水力压裂是通过压裂车组从地面注入压裂液，在高于岩石破裂压力下，将地层压开而形成一条窄而长的裂缝，这种裂缝长度从几十米到上百米不等，裂缝垂直于岩石最小主应力方向。高能气体压裂使用火药在井底产生爆燃，所产生的压力脉冲比水力加载强得多，因而在井壁形成多裂缝体系，但裂缝长度一般小于 10 米，可有效改善近井地带的渗流能力（图 3.15）。

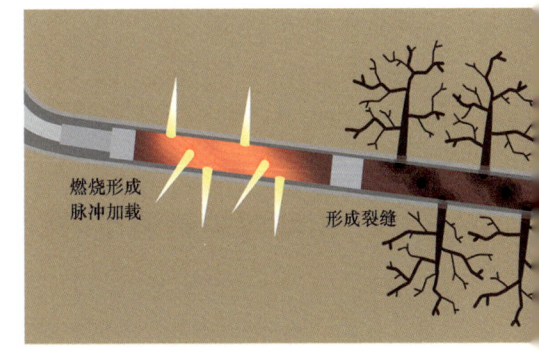

图 3.15　高能气体压裂示意图

高能气体压裂裂缝是如何起裂的呢？气体发生器在井下压裂目的层段引燃后，药柱以优化燃烧方式进行可控燃烧，迅速产生高温高压气体，对井壁形成脉冲加载，使井筒周围的岩石受到压缩，当井筒内的压力超过对应加载速率下地层岩石的破裂压力时，即在井筒周围形成多条径向裂缝，在这个过程中产生机械、振荡、热力、化学等多种作用。

机械作用，火药燃烧造成的升压速率在 $10^3 \sim 10^5$ 兆帕/秒，比水力压裂强得多，在压力超过岩石破裂压力的条件下，岩石就会产生裂缝。所产生的裂缝不足以释放井内压力，势必就会产生第二条裂缝。如果第二条裂缝仍然不能释放井内压力就要产生第三条裂缝，由此在井筒附近产生多条径向裂缝。

水力振荡作用，高温、高压气体的产生将推动井中液柱向上运动，而随着体积增大，气体压力又会下降，从而引起液柱向下运动。液柱向下运动压缩火药燃烧产生的气体，除部分流入地层外，会造成压力升高，又把液柱推上去，如此产生压力周期的衰减波动。这种压力周期波动有利于裂缝形成和清理油层堵塞。

热力作用，高能气体压裂施工后的井温测量表明，在火药弹点燃后一段时间内，井温可升温到 500～700℃，温度开始下降很快，以后在几个小时内变慢，足以熔化沉淀在油井附近的石蜡与沥青，同时降低油的黏度，增强流动性。

化学作用，火药燃烧后的产物主要是 CO_2、N_2 和部分 HCl，这些气体在高压下都会溶于原油，从而起到降低原油黏度和表面张力的作用，达到提高油气井产量的目的。

3.7 用酸溶蚀储层也可以增产

地下原油储层的岩石有沉积岩、变质岩、火成岩等，不同岩性储层中油气贮存状态和流动特性各不相同。在开采地下原油过程中，为提高单井产量，砂岩储层通常采用压裂增产法，碳酸盐岩储层采用酸化增产法。

碳酸盐岩储层立体酸化压裂视频

碳酸盐岩储层一般为石灰岩及白云岩，其主要成分是碳酸盐矿物，这些矿物有一个特性，遇到酸液就会发生化学反应，产生大量气体并被快速溶蚀。可以想象这样一种场景，当要除去水壶中的水垢，一般是倒入醋或除垢剂，这时就会有气泡产生，水垢逐渐溶解。酸化增产的原理与除水垢有些相似，岩石中的碳酸盐岩矿物被酸液溶蚀后，就会在储层中形成溶蚀孔洞，改善储层渗流特性，提高单井油气产量。

地层的岩石性质不同，某些岩石的矿物成分中含有极易溶解的方解石，也有的含有难以被酸溶解的石膏、石英、黄铁矿物等，因此，使用酸液的品种、浓度和数量也不尽相同。油田用酸液有常规酸液、乳化酸液、胶凝酸液等。

常规酸液，按浓度要求将原酸稀释并混有各种添加剂的酸液。主要的添加剂有缓蚀剂，用于减缓酸对油井油管的破坏性腐蚀；铁离子稳定剂，用于防止酸岩反应后液体中铁离子的沉淀，堵塞酸蚀后的油流通道，影响酸化效果；助排剂，用于降低反应后液体的表面张力，使之易于从地层中排出。

乳化酸液，由常规酸液与油乳化形成乳化液。由于酸外部包有油，直接同油管接触少，有利于保护油管并使之尽可能小地被酸蚀破坏。同时，这种酸与地层的反应速度慢，与常规酸液相比，同样的酸液用量可处理改善井底更远的油流通道。

胶凝酸液，在常规酸液中添加增稠剂，使酸液变稠，摩擦系数降为常规酸液的40%左右，减缓与岩石的反应速度，增大酸化处理范围，有效降低施工泵压。在胶凝酸的基础上添加交联剂可制成冻胶酸液，这种酸液更加黏稠，可改善离井底更远的油流通道，摩擦系数同胶凝酸液相当。

为了获取更好的酸化效果，在向地层注酸的工艺上也有许多门道。有的是近井地带酸化解堵，有的是酸化增产，还有的是把酸化与压裂结合起来改造储层，称为酸化压裂，油田上简称"酸压"（图3.16）。

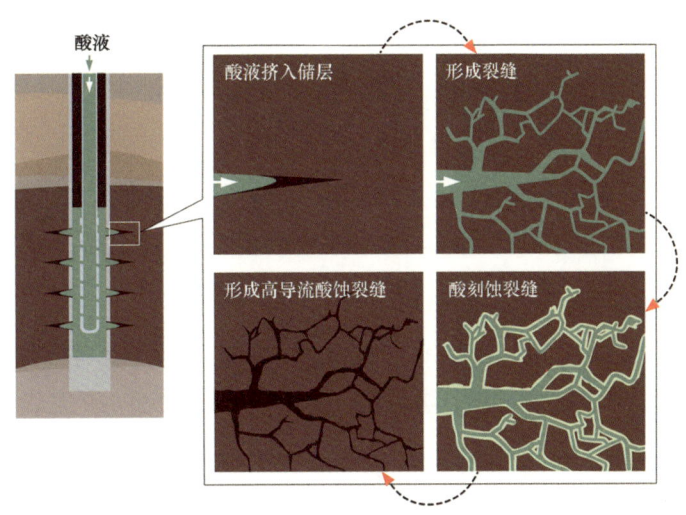

图 3.16　酸化压裂原理图

103

酸压是一种特殊酸化工艺，是将酸液挤入储层，在储层中形成裂缝，同时酸液与裂缝壁面岩石发生反应，刻蚀缝壁岩石，形成沟槽状或凹凸不平的刻蚀裂缝，施工结束后裂缝不完全闭合，形成具有一定几何尺寸和导流能力的人工裂缝，改善油气井的渗流状况，从而使油气井获得增产。成熟的酸压技术有前置液压裂酸化技术、降滤压裂酸化技术、闭合酸化压裂技术、多级注入酸化压裂技术等。

3.8 油井井底防砂办法多

油井不仅生产石油，有时还会产出一些砂子，这些砂子是从哪儿来的呢？地层中的砂子往往会"不老实"，有的砂粒就会离开岩层进入井筒，随着采出的油一起跑到地面，这种现象称为油井出砂。

为啥油井会出砂呢？出砂的原因与储层岩石成分和结构直接相关。油井出砂的主要储层类型是砂岩储层，这类储层一般由石英、黏土、碳酸钙等矿物组成，石英是其主要成分，形成岩石骨架，并由黏土等将骨架胶结起来，组成"骨架笼子"，把砂子固定住形成岩石储层。骨架胶结不好或胶结不牢，在原油开采过程中遇到外力冲击，砂子就会脱离胶结物的束缚跑出来，造成油井出砂。当然除了储层出砂，水力压裂形成的人工裂缝中的支撑剂也有可能返流到井筒。

外力越大，砂子"出笼"的可能性就越大。在油井开采过程中，这个外力是由油气的高速流动产生的。油井的产量越高，井底油流的速度就越快，砂子就越容易"跑"出来。

影响油井出砂的因素主要有地质、岩性、工程三大类，各因素相互作用、相互影响，出砂机理、出砂量、防砂工艺也各不相同，所造成的危害也有差异。

地质因素是油井出砂的主要因素，包括岩石在地下的受力状态、地层压力、地层温度、地质构造等，这些因素依靠人力是无法改变的，我们只能充分利用这些因素来改变出砂现状。储层岩石性质也是造成出砂的重要因素，岩石强度、黏土含量、石英长石比例、分选度、粒径和形状、压实程度、孔隙度、渗透率等都会影响岩石的性质。完井类型、井身结构（井深、井斜、方位、井径）、增产措施、开采工艺、开采阶段、生产制度（流速、生产压差及流量）等工程因素都是影响出砂的重要因素。

出砂有啥危害呢？危害还真是很大。第一类危害是地面上能看得见的危害，就是油流过的设备、管线，高流速的管线带砂子跑过去，就会磨损和腐蚀这些接触的材料。这些磨损会缩短设备、管线的寿命，增加开采石油的成本。第二类危害是对看不见的井筒内设备的危害，这些砂子会磨损甚至损坏井下的设备，包括采油用的泵筒与柱塞，使得泵出的油越来越少，造成油井减产或停产。第三类危害仍然是我们看不见的井筒，由于出砂使井眼周围的岩石稳定性大大降低，进而挤毁井眼内的套管，导致套管被挤变形甚至挤断，最终使油井报废。

防砂有好办法吗？答案是有！针对油井出砂机理采取有效的防砂措施对出砂问题进行预防，防砂方法既有化学的，也有物理的，还有机械的。

化学防砂，就是采用化学方法向地层挤注可使地层砂黏结在一起的各种液体化学物质，在井筒周围形成一道坚固的人工井壁，将可移动的砂阻隔在油井以外。新形成的人工井壁有比地层大得多的强度，可抗住油流的冲刷，从而达到防止地层出砂的目的。

热力焦化防砂，其原理就是加热井筒周围的油层，促使原油在砂粒表面焦化，形成具有胶结力的焦化薄层，起到防砂作用。

机械防砂，就是在油层部位设置一个可挡住地层砂通过的网状工具，通常使用绕丝筛管，并在工具以外填充砾石（图3.17）。这些工具耐冲刷强度远大于地层，又有着允许油通过的能力，可达到防砂采油的目的。

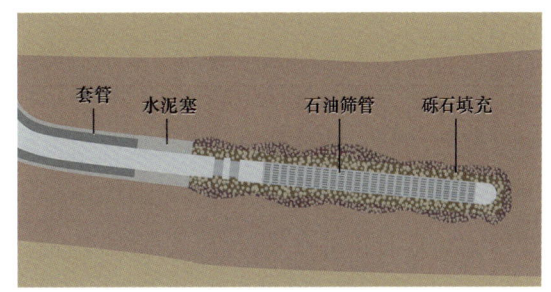

图 3.17 机械防砂示意图

还有一种比较特殊的防砂工艺，不但能够防住砂，还能提高产量，这种工艺叫作压裂防砂。通过高速流动的高黏液体携带特殊工艺处理的人造砂子从井口经由井眼泵送到地层里面，这些特殊类型的人造砂子表面涂有胶结物质，最后固化在井眼附近，建立起来一个人造砂子"手拉手"的屏障，这种屏障具有较强的渗透性，只允许油流通过，将屏障以外的砂子挡住，阻止它进入井筒。在选择防砂工艺时，石油工程师会根据油井内实际情况，选择合适的防砂方法。

3.9 油井出水的堵和疏

大多数油井既产油也产水，这些水来自地下岩石储层的边水、底水、同层水和夹层水，随着注水开发的深入，也会来自为补充地层能量注入的人工水。

油田开采分为无水期、低含水期、中含水期、高含水期、特高含水期，每个时期的产水量差异很大，造成的危害和经济损失也各不相同。油田含水率越高，采出液处理工艺就越复杂，处理设备和处理能力要求也就越来越高。油井堵水是油田开发中后期不可缺少的一项重要工艺措施。

油田的无水采油期一般比较短，油井见水后含水率就会逐年上升，有的油田最高含水率已经达到99%。要实现控制油井含水，减少地层出水，减缓含水上升率，必须开展系列研究，找到出水规律并制定防水治水对策。石油工程师通过对出水机理、出水时机、防水控水方法开展研究，研究出物理或化学的堵水方法，包括化学堵水、机械堵水、化学调剖、调驱等各种治水办法。这些方法是疏堵结合，以堵调为主，根据需要，有的把水层堵死，有的堵而不死，最终目的是控制地层出水。

化学堵水法就是用化学剂封堵出水严重的地层，根据堵水剂对油层和水层的堵塞作用，化学堵水可分为非选择性堵水和选择性堵水。

机械堵水法是用封隔器将出水层位在井筒内卡开从而阻止水流入井内（图 3.18）。这种方法只适用于那些油水界面清楚且各小层间存在一定厚度隔层的油藏。对于不存在隔层的非均质厚油藏或因隔层厚度太小而无条件实施分层注水或分层采液的油藏，则只能使用化学法。

无论是机械堵水法还是化学堵水法，投入成本都比较高，为了控制成本，石油工程师发明了低成本的堵水调剖工艺。

在降低调剖剂原料成本方面，用地面水体改造后剩下的石灰泥、造纸厂的废液和热电厂产出的粉煤灰等作调剖剂原料，配制成廉价的调剖剂；在降低调剖剂的使用浓度方面，用低浓度的聚合物与低浓度的交联剂配制成冻胶调剖剂，对压差小的深部地层进行封堵。

在合理组合调剖剂方面，将调剖剂按地层压降漏斗的特点进行组合。在组合调剖剂中有不同强度的调剖剂，其中强度较大的调剖剂用于封堵近井地带，强度较小的调剖剂用于封堵远井地带。由近井调剖过渡至远井调剖，成为注水井调剖的主要做法。

为了改善效果，也会将调剖技术与驱油技术结合起来，起到组合拳作用。调剖技术与驱油技术结合，包括调剖技术与化学驱技术结合、调剖技术与气驱技术结合、调剖技术与热力采油技术结合、调剖技术与微生物驱技术结合等。

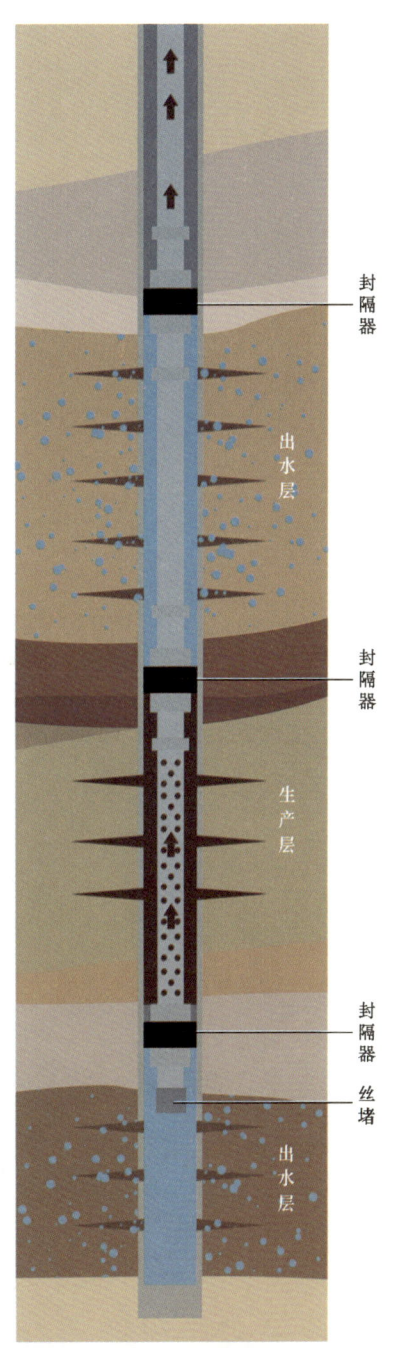

图 3.18　机械堵水法

四　油井也要做诊疗

常言说："人吃五谷杂粮，也生百病"，生病就要检查医治。石油开采，大批的油井长年累月产油，又历经各种增产措施，油井地面、井下的各种设施会遭受挤压、磨损、腐蚀、扰动、冲击、卡脱等各种"折磨"，轻者减产，重者停工停产，更甚者油井报废结束生命。检查、诊断油井故障，采取适症疗法，恢复油气生产，延长油井寿命。给油井做手术是很常见的事情，在油田叫修井作业，医者正是油田井下作业工人。

4.1 油井的寿命有多长?

一口油井自钻成之日起,就进入了它的生命周期。在这个复杂的过程中,油井的寿命也和人的寿命一样,诸多因素决定了其寿命长短(图4.1)。那么油井的寿命究竟有多长呢?影响油井寿命的因素有哪些呢?

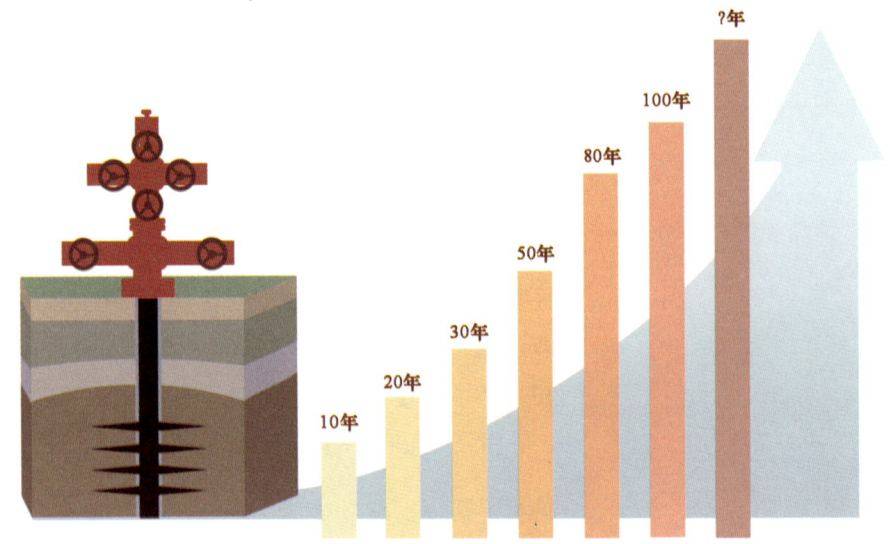

图 4.1　油井寿命示意图

油井寿命的长短不能通过数学公式计算或专家判断就能确定,而且其长短很难被人控制。据理论预测,人的寿命可达到 120~150 岁,而实际上受基因、种族、饮食、环境、生活习惯等影响,世界人口平均预测寿命在 75 岁左右。油井也是一样,它的寿命受地质、工程、生产管理等多因素的制约。在地质方面,油藏完全被水淹或能量枯竭又不能再作他用,丧失油井生命力,造成油井废弃;在工程方面,钻完井过程中的固井质量、井身结构的合理性等都会影响油井的使用寿命;生产管理方面,油井生产制度不合理或者管理不当,致使油井套管发生严重损坏,比如当油田追求高速生产,对油井进行强注、强采、高压注水等一些作业时,导致地应力变化,进而造成油井破坏无法修复;在油井选用管材方面,套管管材质量不合格或设计有缺陷,管材

本身有气泡、孔洞或裂缝，选材不当等造成油井寿命缩短而提前废弃。

如果油藏先天条件较好且从钻井到开采各个环节控制合理，同时采油生产过程中进行精细管理，一般情况下油井的平均寿命可达几十年，如果维护得好，油井寿命可达六七十年甚至更长，与人的寿命相当。据国内外资料记载，现存世界上寿命最长的油井已经连续生产150年，这口井就是McClintock Well 1号井，位于美国宾夕法尼亚州石油城以北的8号公路旁，是现存世界上"寿命"最长的井，该井1861年8月开始钻探，最初每天生产石油175桶，直至1920年下降到每天半桶左右，之后产量逐渐降低，慢慢淡出石油工业生产的历史舞台。但是，McClintock Well 1号井并没有因此而停产，而是一直有少量石油产出，并作为历史遗迹保留了下来，其销售收入仅用于维修、保养和维护。McClintock Well 1号井（图4.2）作为现代石油工业遗迹，每天都会有游客到来，在专业人员的讲解下，一睹"高寿井"的风采，它的使命已经不再是产出石油以获取利润，而是作为现存世界上最古老的连续生产油井，见证了世界石油工业发展时代的辉煌。

图4.2 美国宾夕法尼亚州石油城McClintock Well 1号井

人有生老病死，油井也不例外。当油井无法修复或再没有利用价值时，就需要经过专业处理，实施关井弃置报废措施，从而结束它一生的使命。石油工程专业术语叫报废井或弃置油气井。

4.2 油气井也会"生病"

深埋地下的石油、天然气是从油气井中产出。依据含油气面积的大小,一个油田的油气井少则几十到上百口,多则几千到上万口。我们知道,油气生产过程中,由于地质、工程、生产管理等多种因素的影响,油气井会得各种"疾病",产生各种各样的故障,影响油气正常生产。

油田开发达到一定期限之后,由于地层出砂、出气、堵塞,导致设备、工具出现结蜡、结垢、磨损、腐蚀、断裂等,油井会生各种各样的"病",而"生病"原因有单一的,也有复合的。

第一类原因是地下油层出了问题,一般情况下,地层的错动,既可能造成油气井的井身损坏,也可能造成油层塌陷。

第二类原因是发生在油井套管,经过长期开采、使用,套管常年承受着油层高压及气体、液体等介质的侵蚀,还要反复承受着各种修井作业及增产措施手段等外力的作用,从而造成油井井筒套管损坏。同时油井套管本身质量或者是固井质量不合格,也会影响套管和油井的使用寿命。

第三类原因则有可能是发生在油气井井口的采油树上。采油树是密封高压油气层的总开关,在开采油气过程中,随油气流动的地层砂会冲刷采油树,造成刺穿、刺漏,使油气外泄;外力的撞击、天灾人祸也会使采油树损坏。

油井出了故障不及时修理,危害很大。每一口采油井,每天生产多少原油都是在一个合理的工作制度下进行的,如果出了故障不去修复,不仅停产井数量增多,石油产出量减少,甚至会造成油井的报废。俗话说"小病不治,拖成大病"。采油井出了故障,初期一般较轻微,易修复。如果不及时修复,修复难度就会增大,严重者会造成油井报废。油井故障不及时"治疗",还会造成更大的危害,导致环境污染。井口采油树的刺漏、损坏可能会造成油气流失控,发生强烈井喷,大量的原油喷出地面不仅严重污染环境,而且危害事故井附近的人员生命和公共财产安全。另外,油井故障修复

不及时,还会增加开采成本。如果故障井增多,势必增加修井工作量,增加资金投入,从而使石油开采成本大增,经济效益变差。

当油井"生病"的时候,需要从"小病"就开始及时"医治",对症下药,尽早尽快查出油井的"病因",从而将损失降低到最小范围内,而且要及时进行修井作业,使油井恢复"健康"。

人得了病,中医可通过望闻问切来判断得了什么病。油气井得了病,我们同样可通过望闻问切来诊断(图 4.3)。

图 4.3 给油井做检查

所谓"望"是通过眼睛观察设备异常振动、流体泄漏、电流异常、压力异常等。

所谓"闻"是通过耳听、鼻闻有无异常噪声和气味。

所谓"问"是通过当班工人口头或书面方式了解油气井过往生产情况。

所谓"切"是用手感知设备有无异常振动、异常温度等。

确定设备具体故障,还可以通过西医的方法,采用专用仪器采集油气井设备运行数据，通过分析相关数据得到。最常用的方法是测定游梁式抽油机的运行示功图，或测量设备运行的电参数，再转换成示功图。抽油机的示功图就像人的心电图一样，几乎所有故障都可以反应在示功图上，通过示功图分析就可准确判定油气井的故障类型。

4.3　油井的小修和大修

油、气、水井在自喷、抽油或注水、注气过程中，随时可能发生故障，造成油井减产甚至停产。出现故障后，严重的只有通过井下作业来排除故障，更换设备，调整油井参数，才能恢复油井正常生产。我们把这种恢复油气井正常生产的治疗手段称为修井作业。

大家知道，小汽车出了小故障，一般的维修点和修理工都能修理，这叫小修。一旦出了大故障，必须到 4S 店去修理，这叫大修。油井也一样，根据故障的不同情况，要进行井下作业修复，油田现场分为小修作业和大修作业两种。

小修作业是以油井维护作业为主的简单修理和常规修井作业主要包括：冲砂检泵、清蜡检泵、打捞简单落物、更换井下管柱或井下工具、测压、卡堵水、注水井测试、注水泥建人工井底、炮眼冲洗、套管刮削、探砂面、解除有机垢和无机垢等。能完成这些作业的施工队伍称为小修作业队。小修作业的基本工作是通过起下油管，将油井中的工具或抽油泵通过油管带出井筒，然后按施工设计进行施工。完成施工后，再通过油管将更新后的工具或抽油泵下入井筒内的预定位置，恢复油井正常生产。小修作业队就像社区医院，可以治疗感冒发热一类的小病。

油气井出了较大的故障，就得上专业的大修作业队来修理。大修作业的特点是技术要求高，工程施工难度大，必须用大型的修井设备，并配备大修转盘、大修钻杆、大修钻井泵等专用设备、工具才能开展工作（图 4.4）。

四 油井也要做诊疗

大修作业是对出现复杂故障的生产井,为恢复生产和延长使用寿命而采取的各种作业。主要包括套管内落物打捞、管柱解卡、生产井找窜、生产井封窜、套管修复、套管整形、套管补贴、管柱切割、取换套管、钻塞和套管侧钻。

大修作业的内容归纳起来主要为以下三大类。

第一类,复杂打捞。顾名思义,指在油井内,因各种原因造成井下落物且情况非常复杂。例如,某井的井下管柱、工具全部卡死,小修作业处理时又拔断油管,无法作业,只好由大修作业来修理。

第二类,修复油井套管。套管是保证油气井正常生产的必要条件,而油井因各种原因造成套管损坏的情况经常发生,因此修复油井套管是大修作业的主要任务之一。

第三类,套管内侧钻,即用小钻杆带钻头,从老井套管内下入,在预定位置钻开一个窗口,小钻头从"窗口"往外钻进,打一个小井眼,然后下小套管、固井,实现老井再利用的目的。

图 4.4 油井大修现场示意图

不论是小修作业还是大修作业,都是维系油井正常生产的必要手段,油井在整个生命周期中,任何环节出现故障,都需要修井作业来排除。

4.4 十八般修井"兵器"

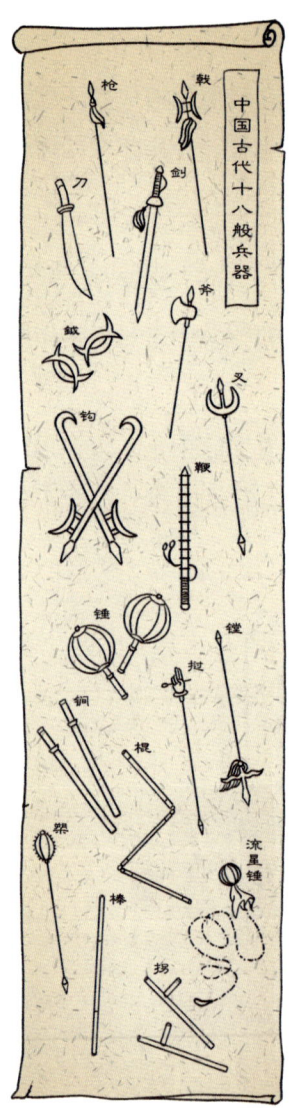

图 4.5 中国古代十八般兵器

冷兵器时代的十八般兵器,助古人开疆拓土,保家卫国,是武艺高超人士防身之利器,广为流传(图 4.5)。而在石油行业里,石油工人与"生病"的油井打交道遇到困难之时,也会使用类似的鲜为人知的十八般修井"兵器",它们又是如何发挥作用的呢?

维修"生病"油井的工具多种多样,举不胜举。在钻完井和井下作业中,钻杆、钻铤、套管、油管柱被卡或折断、封隔器被卡等诸多原因导致正常的钻井、完井作业中断,需要用打捞工具解除卡钻以恢复正常作业,这种解除卡钻及打捞落物的作业和工艺就叫作"打捞"。实践经验告诉我们,打捞作业在修井中是不可避免的,也是非常广泛的。

打捞类工具是修井作业中使用次数最多,应用品种、规格最全的专用工具。按井内落物类型分类,可分成管类打捞工具、杆类打捞工具、绳缆类打捞工具、测井仪器类打捞工具、小物件类打捞工具等五大类,若按工具结构特点分类,则可分为锥类、矛类、筒类、钩类、篮类、其他类等六大类。可谓十八般兵器,样样俱全。

修井工具按功能可分类为：打捞工具，主要有打捞矛（卡瓦打捞矛）、打捞筒、公锥、母锥、打捞钩、鱼顶修壁器等；钻磨工具，主要有钻头、磨鞋、铣锥、套铣筒等；修套工具，主要有套管整形工具、切割工具、机械倒扣工具、套管补贴工具、取换套管工具等；封隔工具，主要有封隔器、桥塞等；解卡工具，主要有震击器类工具、测试仪、倒扣器等；井下作业检测工具，主要有通井规、印模、多臂井径仪、井下电视等；井下作业辅助工具，主要有套管刮削器、引鞋等（图4.6至图4.9）。

图 4.6　卡瓦打捞筒实物图

图 4.7　母锥实物图

图 4.8　偏心辊子整形器实物图

图 4.9　套管刮削器实物图

随着新材料、新技术的进步，石油系统井下作业常见工具取得新发展，石油系统井下作业的工作效率和生产安全性不断提高。

4.5 修井的"大力士"

修井机,有时也称为通井机,是修井和井下作业施工中最基本、最主要的动力设备,外观看起来很像一台载重车,实际上车载式修井机就是具有行驶功能的修井机,那么这个"大力士"究竟有什么用途呢?为什么给修井机起名"大力士"呢?大家知道了它的工作原理就不难理解了。

修井机是安装在特殊汽车底盘上用于维修故障油、气、水井的成套设备。主要用途为:管杆起下作业,如对发生故障或损坏的油管、抽油杆、抽油泵等井下设备和工具起出、修理更换,再下入井内,以及进行抽汲、捞砂、机械清蜡等;与循环系统配套实现井内的循环作业,如冲砂、热洗、循环压井及挤水泥等;旋转作业,如钻砂堵、钻水泥塞、扩孔、侧钻、套管整形及修补套管等。

中国修井机有 150 型、250 型、350 型、450 型、550 型、650 型、1000 型等多种型号,修井深度 2600~8500 米,整机质量 2.18~7.8 吨,大钩承载最大 225 吨,井架高度 16~38 米。

修井机主要由底盘系统、动力系统、绞车系统、井架系统、控制系统(液气电)和附件系统等六大部分组成(图 4.10)。

底盘系统:一般为拼装式底盘,要求车轿离地间隙大,转向桥的转角大,速比合适,适应公路高速行驶及泥泞路、沙漠的低速行驶。

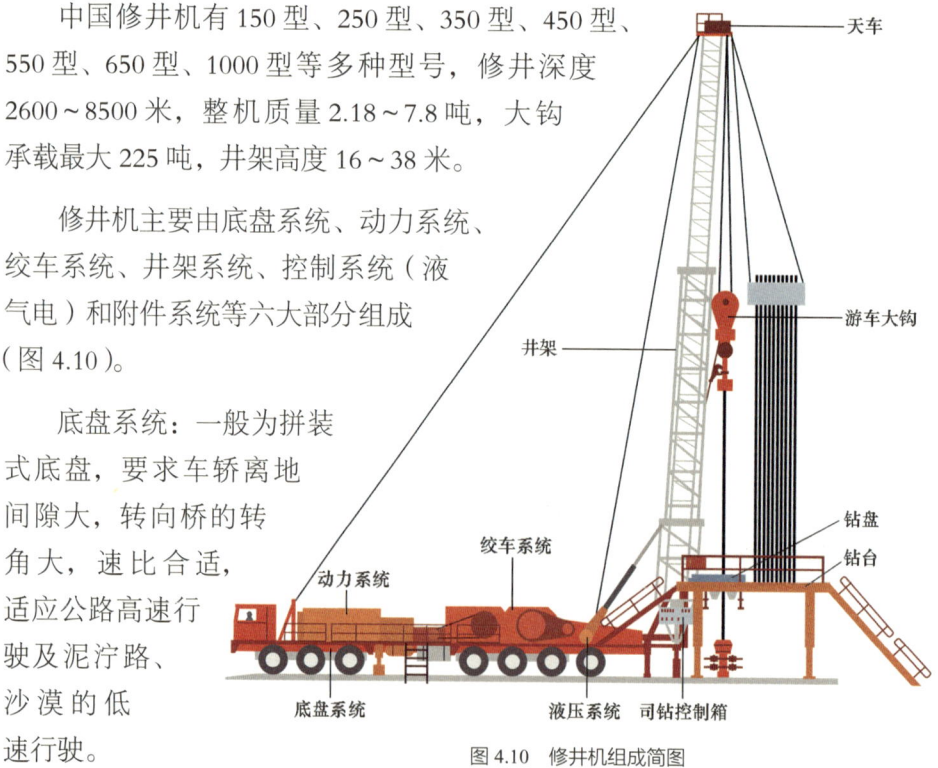

图 4.10 修井机组成简图

整机视野开阔，转向轻便灵活，最小转弯半径为14～18米。

动力系统：用于驱动绞车、转盘等工作机组和底盘行驶。在自走式修井机中应用最多的是柴油机驱动，自走式修井机动力源既是行车时的动力，也是修井时的动力。

绞车系统：主要由滚筒轴总成、刹车系统、绞车架、刹车冷却装置等组成。

井架系统：主要由上体、下体、天车、二层台、底座、伸缩油缸及扶正装置、大钳平衡装置、立管、绷绳及梯子等组成。在修井作业过程中，用于安放天车和悬挂游车、大钩、吊环、吊钳等起升设备和工具，同时用于安放和悬挂立管、水龙头、水龙带等修井液循环设备与工具，以及起下与存放钻杆、油管、抽油杆等工具。自走式修井机使用有绷绳桅型井架，采用液缸起升、液缸伸缩，井架前倾角可通过调节丝杆调节，天车为整体盒式结构，滑轮采用铸钢件，并经动平衡测试，绳轮座上设有防止大绳跳槽的挡绳器，天车平台上设有护栏。

控制系统：控制系统集中设在车载司钻操作台附近，重要执行部件的操作控制设定多重安全保护功能，包括液压控制系统、气压控制系统和电器控制系统。

附件系统：主要包括钻台、转盘、游车、大钩、水龙头（顶驱）和井口工具。

修井机是油田上的大型设备，是当之无愧的"大力士"，修井机起动的时候，要检查发动机的润滑油油面、散热器内的液面以及柴油箱内的油面；检查发动机周围有无影响发动机旋转的异物，发动机启动后，要检查机油压力是否正常，然后仔细听发动机有无异常响声，发电机是否发电，打气泵打气是否正常，是否达到规定的温度。

修井机在油田正常生产过程中发挥着保驾护航的重要作用，随着开采对象变化，特殊地形地貌对修井机的要求也不断提高，自动化、智能化、轻便灵活、绿色环保等特性逐步创新融合，新型动力修井机、智能修井机、超大载荷修井机是未来发展方向。

4.6 给油井做检查的"胃肠镜"

油井有自己的生命周期，平时也会有各种各样、大大小小的毛病，怎样才能知道油井在地层深部的哪个位置出现了什么故障？这就如同医生要给肠胃病的病人做肠胃镜了解病情一样，为适应复杂井况作业，油田井下作业施工前会采用一种叫作井下电视的技术，能够直观地反映井下的真实情况。对于解决复杂井况作业的一些问题，这种技术的应用，降低了作业成本，缩短了施工周期，为油井施工提供了有力依据。

井下电视，是通过单芯或七芯电缆下入井中，可适应超深井高温高压作业的复杂环境，进行各种预防性监测和事故评判等，其主要功能有井内设备机械检查、腐蚀检查和监视、检查气井中的出水层及高含水井中的出油层、气裸眼井的裸眼成像等，井下电视具有实时性、直观性等特点。

井下视像技术是利用电缆传输摄像仪入井，将帧视像传到地面，然后在地面进行录制和打印及后期分析处理，从而实现实时观察、直观准确地检测井下情况，可用于处理和解决落物打捞、油管检测、流体入口识别、裸眼井测井、油套管变形、破裂、结垢等机械或化学腐蚀等问题。

井下电视是井下作业的千里眼，用于了解判断井下作业状况，分为光电成像和声电成像两大类。

光电成像井下电视：摄像系统由照明系统发出的光线通过前端的透明壳窗将井壁、落物照亮，井壁、落物的反射光经成像透镜后，被摄像机的光电成像器件接收，经信号放大处理后，再经传输电缆将图像信号传送至地面的显示设备，由摄像设备记录或计算机进行图像实时分析处理，实现观察井下物体影像。这个系统包括：井下工作部分，包括照明系统、摄像系统、密封防护系统、信号处理系统与传输系统；井上部分，包括供电系统、控制系统、显示系统等附属设备。

声电成像井下电视：整个摄像系统由超声波激发系统发出的超声波射向井壁、落物，反射波被超声波接收及声电成像系统接收，经信号放大处理

四 油井也要做诊疗

后,再经传输电缆将图像信号传送至地面的显示设备,由摄像设备记录或计算机进行图像实时分析处理,实现对井下物体影像观察。井下工作部分包括超声波激发系统、超声波接收及声电成像系统、密封防护系统、信号处理系统与传输系统;井上部分包括供电系统、控制系统和显示系统等附属设备(图 4.11)。

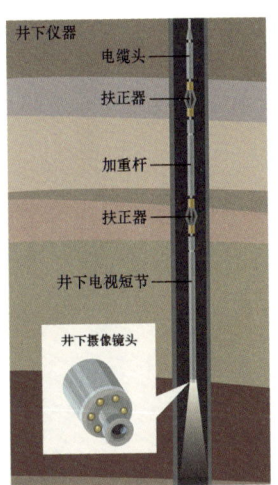

图 4.11 井下电视仪器构成示意图

4.7 压井是安全修井的"撒手锏"

修井作业常在井口敞开的情况下进行,当遇到油层压力高于油井静液柱压力时,就需要进行压井作业。为防止发生井喷,通常要向井筒内泵入压井液,使井筒内液柱压力与地层压力达到相对平衡状态,实现安全作业。

压井,顾名思义,就是使用高密度的液体注入井筒中,从而平衡地层压力。一般情况下,通过加入重晶石来调节压井液的密度,压井时若压井液密度过大,或压井液大量漏入油层,都会造成油层污染,恢复生产时排液时间延长,严重时会把油层堵死,致使油层不出油。如果压井液选择的密度过低则不能把油层压住,在施工中会发生井喷,造成严重后果。

修井作业中应当注意合理选择压井液的密度和压井方式，使压井工作真正做到刚刚好，有句口诀是："压而不死，活而不喷，不喷不漏，保护油层"，确保压井成功的同时防止造成油层伤害。

常规的压井方式有三种：循环法压井、挤注法压井、灌注法压井。

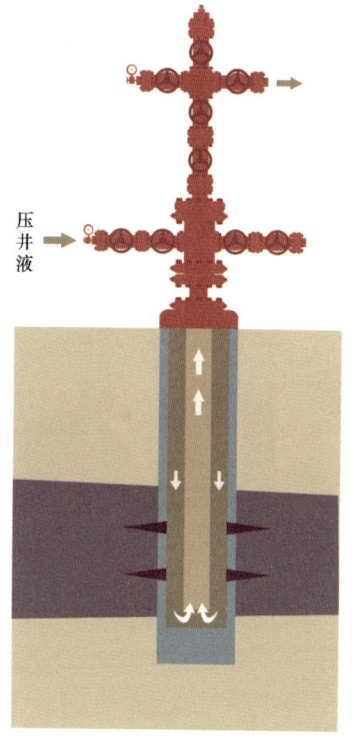

图4.12 反循环压井法示意图

循环法压井是应用最广泛的一种压井方式，就是利用井内套管与环形空间建立的循环通道进行压井。分为正循环、反循环两种方法。正循环压井时，把采油树井口进出口阀门都打开，把配好的压井液通过泵车从油管泵入井内从套管返出，循环至进出口压井液密度和排量一致时，说明井已经压住，反循环则是从油管与套管的环空泵入，从油管返出（图4.12）。

挤注法压井，从井口高压挤入压井液，把井内油、气、水压回地层，多用于砂堵、蜡堵或其他情况造成无法正常循环的井。这种方法也有缺点，就是压井时可能把井筒中的脏物挤入地层，造成地层孔道堵塞。

灌注法压井，对于地层能量低的井，液面不在井口，通过补液的方式灌注压井液，保持井内液柱压力略高于井底，保障作业过程中油井的稳定性。

非常规压井方法是溢流、井喷井不具备常规压井方法的条件而采用的压井方法，如空井井喷、压井液喷空的压井等。

随着新技术发展，为有效避免作业过程中压井对油层产生的伤害、保护油气层，简化作业施工工序，工程技术人员经过不懈的努力和攻关，发明了不压井作业设备，既提高生产效率，又降低生产成本，同时还解决了注水井作业过程中放喷影响注水实效、造成油藏泄压等问题，而针对高压注水油藏,则解决了注水井溢流太大作业困难的问题。不压井作业设备真正实现了绿色环保作业,同时也保护了油层。

不压井作业设备是在井筒内有压力的情况下,不进行压井作业就可以实施修井作业的专用装备。油田常用的典型不压井作业设备主要由液压动力系统、放喷系统、放压(平衡)系统、卡瓦系统、举升系统五部分组成。可用来进行冲砂、磨铣钻、打捞、挤注水泥、酸化、起下生产管柱、更换油管套管等作业,还可用于起下井下各种设备或工具等。

4.8 在套管上"重新钻井"

油井在某一深度出现严重故障时,会造成故障点处采油设备下入困难,这时对于这口井有两个选择,一个就是报废,另一个就是采用侧钻技术在原井眼套管上开窗侧钻,形成新井眼。

套管内开窗侧钻就是在原井筒故障点以上某一设计深度固定一个造斜器,利用斜面的造斜和导斜作用,用铣锥在原套管的侧面强行铣开一个窗口,从窗口处向外另钻一斜井眼,并使斜井眼钻至原开采油层深度,然后下尾管固井,以便重新开采原来的油层,这种修井方法就叫作侧钻作业。

1957年,我国玉门油田最早应用套管内侧钻技术,随后新疆油田也开始了这项技术的应用,并积累了一定的经验,为侧钻作业打下了良好的基础。

套管内侧钻作业主要工序有套管开窗或套管锻铣、裸眼钻进、定向钻进、侧钻完井等(图4.13)。套管内侧钻的关键技术有定位开窗、定向斜井、随钻测斜等。充分利用老井窗口以上井眼和套管,以

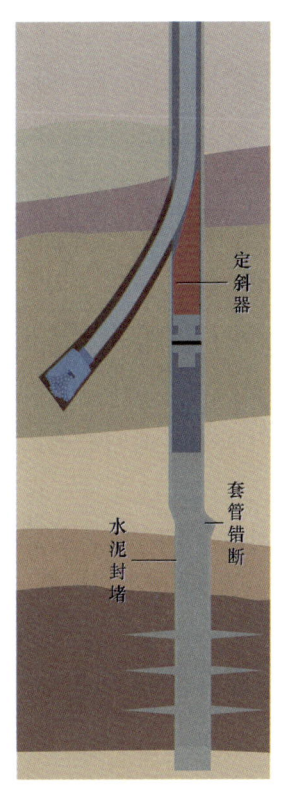

图4.13 套管内侧钻作业示意图

及地面生产设施，提高经济效益。

套管内侧钻作业适用于因油层部位套管损坏严重而不能生产的井、因油层坍塌砂埋而不能生产的井、因油层部位或油层上方附近机械物堵塞又无法捞出而不能生产的井以及用于完善井网、层系，起到更新井、调整井的作用。

侧钻作业的选井需要符合五个方面的要求：（1）侧钻部位上部套管必须完好、无变形、无漏失、无破裂现象，以利于侧钻施工和完井工作的顺利进行；（2）侧钻部位选择在事故井段或套管破裂井段以上 30 米左右，以利于有一定水平位移而避开下部原井眼；（3）要选择在固井质量好、井斜小、地层硬的井段，同时，应避开套管接箍，使之有一个稳定的窗口，以确保侧钻与完井工作的顺利进行；（4）对出砂与严重窜漏井，其侧钻长度与倾角均应加大，在开窗位置选定；（5）施工时必须进行严格的通井、试压、分析井史与查阅电测资料，发现问题及时修改侧钻方案。

套管内侧钻技术同时也特别适合低效井和报废井的再利用，通过侧钻使油井恢复正常生产，有利于提高油井利用率和开发效果，并且显著提高采收率，同时可节约钻井费用和地面建设费用，因而可取得很好的社会效益和经济效益。

国内外十分重视通过套管内侧钻使老井恢复生产这项技术，油田现场已将套管内侧钻普遍应用于油井大修作业中，已成为一项增油上产的重要手段。随老油田停产井的增加，又推动了这项技术的发展，侧钻技术特别是侧钻水平井技术具有广阔的应用前景，必将产生显著的经济效益和社会效益。

柔性钻具超短半径侧钻控潜技术视频

4.9 连续油管有多长？

连续油管，正如字面意思一样，是一整根无螺纹连接的、用低碳合金制成的长油管,可连续下入或起出油井,具有很好的挠性,又称为挠性油管、蛇形管或盘管,缠绕在大直径卷筒上,由若干段钢带斜接在一起,经轧制成型焊接而成的无接头油管。这种具有高强度、高韧性特点的连续油管,外形犹如两米多高滚筒卷起来的电缆一样,自动化、机动性好,使作业更加安全、高效、环保。

常规油管采用单根的形式,一般长度10米左右,通过螺纹结构连接在一起,下井之前在井口进行连接。连续油管则采用焊接或者更先进的无缝连接技术制成的不间断油管,单根的平均长度在3000米左右,最长可达7925米。

连续油管可以代替常规油管进行多种井下作业,与高压旋转接头连接,高压接头再与高压管汇连接,通过外接水泥车、压裂车等设备,将各种循环液通过连续油管泵入井内,满足各种作业要求。作业设备具有带压作业、连续起下的特点,陆上用连续油管作业机有自行式和拖挂式两种,海上用连续油管作业机为橇装式,整体设备体积小,作业周期短,运行维护成本低。

连续油管在生产线连续制造并按一定长度缠绕在卷筒上交付使用,作业时卷筒上的管子可反复收放和使用。由于连续油管作业具有占地面积小、效率高、拆装方便、保护油层、增加产量、安全环保和使用范围广等诸多常规油管不可比拟的优点,已广泛应用于油井修井、完井、测井、增注、老井重钻、加深、侧钻、小井眼、欠平衡、过平衡、水平井钻井以及常规管道集输和生产油管等多种作业中(图4.14)。

图4.14 连续油管作业示意图

连续油管起源于 20 世纪 40 年代的海底输油管（PLUTO，Pipe Line Under The Ocean），1962 年，美国加利福尼亚石油公司和波纹石油工具公司联合研制了第一台连续油管轻便修井装置，主要用于墨西哥海湾油、气井的冲砂洗井作业。连续油管起初作为经济有效的井筒清理工具，在市场上赢得了立足之地，被誉为"万能作业机"，贯穿油气开采的全过程。

图 4.15　超长连续油管成功下线

1977 年，我国引进第一台连续油管作业机，在四川油田开始利用连续油管进行气井小型酸化、注氮排残酸、气举降液、冲砂、清蜡、钻磨等一些简单作业。2020 年，中国研发制造的首套大管径连续油管橇装作业机在南海成功应用。我国已具备超长连续油管生产制造能力（图 4.15）。

4.10　井口着火真危险

你见过油气井着火吗？人们站在几千米外就会看到一条巨大的火龙，伴随着井喷的嘶叫声，在高空跳跃、盘旋，半边天被染成橘红色。在火龙的顶端一团黑烟升入云际，又四散开来，变成细细油雨洒落地下。而地面上的原油围着油井燃起熊熊烈火，令人望而却步。

油气井井喷和着火几乎是"孪生兄弟"，这是由于石油和天然气中含有易燃易爆的甲烷、乙烷、丙烷等几十种烃类成分，当这些烃类成分与空气中的氧气以一定比例混合时，一旦遇上火花就会燃起大火或发生爆炸（图 4.16）。

石油和天然气着火有如下特点：石油和天然气具有高度的蒸发性，比较容易与空气中的氧混合，燃烧的速度快；石油中的烃质组分燃点低，几乎是见火就着，因此，火灾具有突发性；石油和天然气燃烧时发出的热量相当大，一般达 29.3～46.1 千焦／千克，当大量石油燃烧时，火焰温度高达 1700℃；石油在地面又有流动性，因此，石油火灾非常容易扩散和蔓延；当石油中挥发的天然气与空气混合达到一定比例时，遇火就会爆炸，这种爆炸威力比等量的炸药会大数倍；石油和天然气是多种物质的混合物，着火燃烧后会产生多种有毒有害气体，危害人的身体健康，严重污染环境。

图 4.16　油井大火

　　油气井灭火的原理与通常的灭火方法基本一样：冷却法，使可燃物温度降低到燃点以下，并使火焰熄灭；窒息法，使可燃物与助燃物隔绝，可燃物在燃烧时得不到空气中的氧就不能继续燃烧；隔离法，就是将火与可燃物质隔离的方法。然而，扑灭油井火和一般灭火在具体操作上又有许多不同。一般情况下，扑灭油井火需要首先在上风头处，尽量靠近井口的地方建造一个掩体。一方面防止油火蔓延过来，另一方面起到隔热作用，同时，还要清理出一块作业场地。随后在水枪的掩护下，用吊车把引火筒套入井口，把火头引向上空。先扑灭地面的大火后，用几台高压水枪喷出的水集中交汇于油气与火之间的一点上，强行将火与油气分离，油井火就被扑灭了。万不得已时，可采用钻定向井灭火法。这与钻救援井制伏井喷一样，是用切断油气上升通道的办法达到灭火目的。油井火扑灭后，用专门灭火剂扑灭油井周围的地面火，最后再制伏井喷，清理完现场，就又可以开井生产了。

井喷火灾事故是油气田的重大恶性事故,一旦发生,必将造成严重后果,给社会带来危害和重大经济损失,因此,采取有效的井喷预防措施和快速有效地处理失控井喷事故具有非常重要的现实意义。

4.11 绿色环保作业新模式

绿水青山就是金山银山。落霞与孤鹜齐飞,秋水共长天一色,红彤彤的红海滩、绿油油的芦苇荡,与不知疲倦的抽油机动静相宜,相映成趣。这幅和谐美丽的画面,就出现在辽河油田。

位于辽宁盘锦的双台河口的中国最大国家级湿地自然保护区,是很多鸟类在中国的一片乐土,这里有世界上最大的红海滩和亚洲最大的芦苇荡。每到秋季,成千上万棵赤碱蓬呈现出红色,形成了享誉海内外的"红海滩"奇观。赤碱蓬耐盐碱,在特定地区成为优势物种,而赤碱蓬又对人类活动的影响十分敏感,稍有异常就会大片死亡。辽河油田海南8块采油作业区正处于红海滩范围内,那么采油生产是如何与赤碱蓬和谐相处的呢?

"让水更清、天更蓝"一直是辽河油田的庄重承诺。辽河油田数千口油井与河流、滩涂、苇塘、农田、养殖场所纵横交错,以稠油生产为主的现场

组织、采油工艺、污水处理、废气排放、清洁能源发展等一系列工作难点，成为制约环境保护的主要矛盾。辽河油田将环境保护纳入企业发展规划，提出建设"绿色大油田"的发展目标，在国内率先实施油井绿色作业，实现了"油不落地"的环保目标，既预防了地面环境污染，又改善了作业工人的劳动条件，形成了具有辽河油田特色的环保模式。

实施绿色环保作业措施，在生产作业区内每个油罐下修建水泥防渗平台，即使采油生产储运设备出现漏油情况，也不会有一滴油渗进海水里。这里的每口油井都备有接油桶，采油取样有专人操作。修井作业时，现场操作工人在作业现场地面铺厚塑料布，防止油污渗进地面泥土，每项工序都在严格监控下实施绿色作业。

贯彻落实安全发展、清洁发展总要求，切实构建 HSE 管理体系，不断升级环保工作。按照国家污水排放标准，辽河油田建成稠油污水深度处理中心站，日处理污水能力达到 22 万立方米，使每天产出的 18 万立方米原油生产污水全部回用锅炉和回注地下，初步实现循环利用。

油田与自然和谐共处，建设绿色油田、美丽油田深入人心。辽河红海滩成为绿色油田开发的样板，大庆油田百湖湿地、塔里木油田胡杨林、新疆油田喀斯特地区也和辽河红海滩一样都实现了绿色环保开发（图4.17）。

图4.17 美丽的辽河油田红海滩

五　油气水汇聚又分离

地下的石油被采到地面后，要到哪里去呢？有的用油罐车拉，有的用管道输送，也有的就地挖个大池子暂存，最经济、最方便的方法就是管道输送。油田上将一口口油井采出的原油汇聚到一起，通过计量站计量，在集输处理站经过稳定、沉淀、分离、脱水、脱烃等多道工序，变成合格纯净的原油再输送到炼油厂去。

5.1 油田的血管——油气集输管网

过去我们在电影或纪录片里看到的油田生产现场上，各种管线纵横交错成一张大网，有粗有细，这些管网如同人体的血管，把整个油田的油气水生产、处理、输送等各种设施串联起来，使之成为一个有机整体。

今天，再到油田参观，纵横交错的管网不见了，它们都去了哪里呢？原来油气集输管网的工程技术人员经过多年实践研究，已经成功地将过去架设在地面、裸露在空气中的管网大部分转移至地下，更加安全节能，绿色环保。

油气集输一般指油气生产过程中的"三脱""三回收"。"三脱"是指油气收集和输送过程中原油脱水、原油脱天然气和天然气脱轻质油；"三回收"是指污水回收、天然气回收和轻质油回收。

通过勘探找到油气藏，再通过打井把地下的石油和天然气开采出来，然后把各个单井产出物收集汇合，再把经过复杂工艺流程处理后的原油和天然气输入长输管道，这样的过程在石油行业上被称为油气集输系统工程。

油气集输管网建设是继油气藏勘探与开发的一个非常重要的系统工程，是油田地面工程的核心，这一系统由生产井井口开始，经过计量站、接转站、联合站等多级站点，最终外输（图5.1）。

深埋地下的石油和天然气一旦被发现，就会投入开发，地面平均每隔几百米就会打一口井，油井在地面上的位置分布就相对分散。为把众多分散的油井产出物收集起来，需要建"收集车间"，称之为计量站（图5.2）。

计量站是油田的基层生产车间，首先要把8~15口油井的产出物通过管线输送到计量站，经过计量之后，再汇合到一条口径较大的管线里输往联合站。如果计量站距联合站较远，依靠油井产出物本身能量不能完成输送，这时为了给其增加能量，还需要在计量站和联合站之间增设一个能量增补

五 油气水汇聚又分离

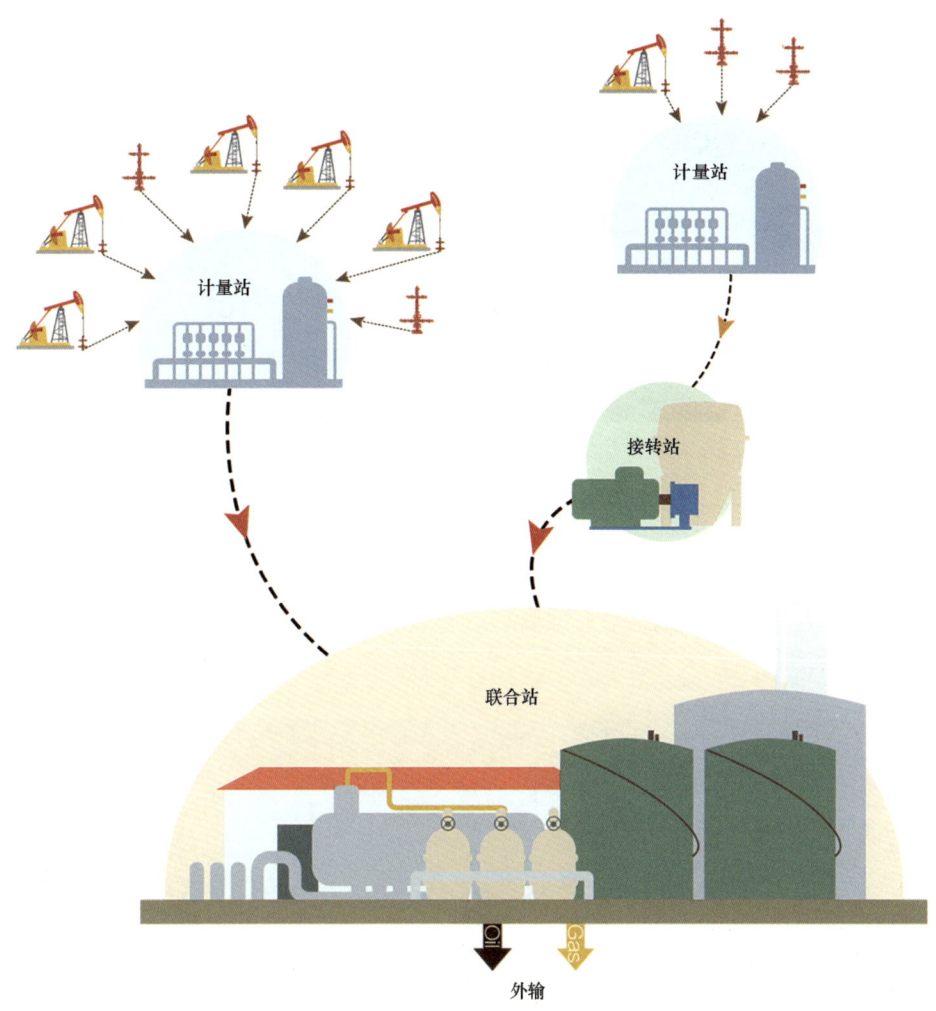

图 5.1 原油集输流程简图

站——接转站。油气井产出物汇集到联合站时，还处于油、水、砂、泥、有害气体等其他成分混合的状态。这之后必须经过一系列的物理化学处理过程，将油井产出物分离、净化成合格的气、油、水。联合站是油气加工的最后一站，相当于工厂的成品车间。经过一系列的加工之后的成品，即可外输送至各地炼油厂或化工厂进行精加工，以满足商品需求（图5.3）。

图 5.2　原油计量站

油气集输管网的存在，就是要将油气井产出物收集、处理成符合标准要求的油气产品并输送到指定地点，同时将油田采出水处理合格后回注地层。整个环节是采油工程的最后一个环节，也是油气离开油气藏即将成为成品油气的最后一站。

图 5.3　原油集输站

5.2 油井产出物要计量

日常生活中,我们家庭中都需要用计量表来计量每月所用的水量和天然气量,然后交付相关的费用。

油田上,原油生产计量工作涉及生产的各个方面,是生产和控制的基础。油田大量的计量工作是油井产出物的计量,每天要计量每口井的产液量、产油量、产气量等,以了解每口井的生产动态。油田上把完成单井采出液汇集、计量的场所,称作计量站。计量站所计量的每一口单井到整个油田全年的原油产量、天然气产量和注水量都是反映油田生产情况的重要数据,也是油田生产的主要指标。

在计量站把生产井采出的油气混合物经计量分离器分成油、气两相,分别进行计量,然后再将油气混输进集油干线。

计量站按计量站所辖油井的多少,可分为单井计量站和多井计量站。单井计量站只计量一口井的产量,通常设在生产井场。一般多井计量站建在所辖油井分布范围的适中位置,计量井数 8~15 口。

计量站按集输工艺不同可分为单管计量站、双管掺水(油)计量站和三管热水伴热计量站等。单管计量站计量所辖单管流程生产井的油、气、水产量。双管掺水(油)计量站除计量所辖油井的油、气、水产量外,还要对由接转站或转油站经掺水(油)管线输送至计量站的水(油)量进行计量,并按需要分配到各生产井口,掺入集油管线中以降低原油黏度,以减少油气输送阻力。三管热水伴热计量站除计量所辖油井的油、气、水产量外,还要对由接转站或转油站经伴热管线输送至计量站的热水进行控制,并按需要分配到各生产井场对出油管线进行伴热,提高原油温度、降低原油黏度,以减少油气输送阻力。

计量站的主要工艺设备有计量分离器及其配套的计量仪表、加热炉、阀组等。每座计量站只设置一座计量分离器(图 5.4),常用的有玻璃管计量分离器、双容积计量分离器和翻斗计量分离器。配套的计量原油的流量计有刮板流量计、转子流量计、质量流量计等。计量天然气的流量计有涡轮流量计、孔板流量计等。一台计量分离器在同一时间只能计量一口生产井的数据,为了在计量某井产量时其他生产井的油气能连续地输往接转站或集中处理站,在计量站设置阀门组,通过切换流程实现对所辖井的计量。

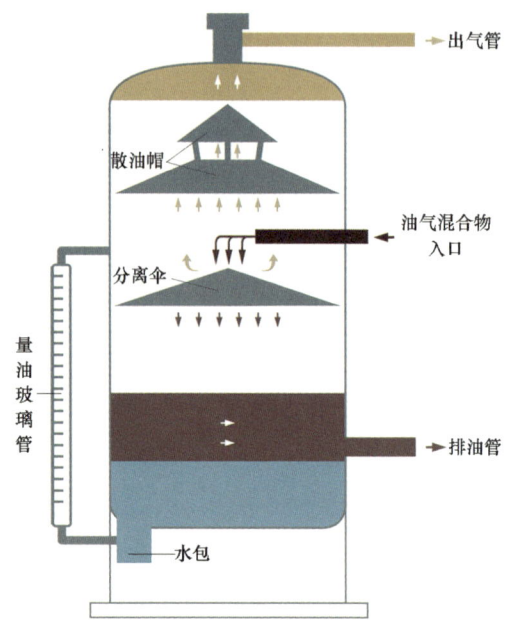

图 5.4 原油分离和计量示意图

俗话说,没有计量就会"心中无数",计量站是油井产出物的第一次集合地,也是整个集输系统中非常重要的一个环节(图 5.5)。

图 5.5 原油计量管汇流程

5.3 采出物中油、气、水分离

油、气、水分离就是对油气井采出物中的油、气、水进行分离,为后续处理做准备,包括油气水三相分离、油水分离、油气分离,是石油工业中对油气处理非常重要的一步。

油井采出物经过计量站的计量之后,就来到了联合站,这时就需要将油井产出的原油、伴生气和采出水进行分离,也就是我们通常所说的油、气、水分离。为了处理、储存和输送油井产出油、气、水混合物,需要将其按液体和气体分开,并将水从原油中脱除。前者称为油气分离,后者称为原油脱水。

油气分离包括平衡分离和机械分离两种方式。油气混合物在某一压力和温度下,只要油气充分接触,就会形成一定组分的气相和液相,这种现象称为平衡分离。把形成的液相和气相用机械的方法分开,称为机械分离。将油气混合物分离为单一相态的原油和天然气的过程,通常是在油气分离器中进行的。无论采用什么形式的分离器,都应使溶解于原油中的气体及气体中的重组分在分离器控制的压力和温度下尽量析出和凝析,使气液两相接近平衡。从理论上讲,油气分离可分为三种方式,即连续分离、一次分离和多级分离。

现场试验表明,分离级数越多,储罐中原油回收率就越高,但过多地增加分离级数,储罐中原油回收率的增加量将越来越少,投资上升,经济效益下降。生产实践证明,气油比较高的高压油田,可采用三级或四级分离,而对于气油比较低的低压油田一般采用二级分离。

原油脱水就是将水从原油中脱除。油井中生产出的油气混合物常含有大量的水和泥砂等,特别是在油田的后期生产中,油井采出的水量可达其产液量的90%,甚至更高。另外,在集油过程中,当采用掺活性水或掺蒸汽集油流程时,也会使油中含水增加。原油脱水主要方法有原油热化学沉降脱水、原油电脱水、先沉降后电脱水。一般对于含水率大于30%的原油,在脱水前先进行预沉降处理，分离出游离水后再进入脱水装置。合理的原油脱水工艺应根据原油性质、含水率及乳化程度、破乳剂性能等，通过试验和经济对比优化确定。

常用的设备为两相分离器或三相分离器。两相分离器主要是进行油、气两相分离，所以称之为两相分离器，也被称为气液分离缓冲罐。三相分离器则是用来进行油、气、水三相分离的设备，通常分为卧式、立式两种。

卧式三相分离器（图5.6），油气混合流体经油气混合物入口进入分离器进行基本相分离，气体进入气体通道并经过整流器和重力沉降，分离出液滴；液体进入液体空间分离出气泡后，油向上流动、水向下流动得以分离，气体在离开分离器之前经捕雾器除去小液滴后从出气口流出，油从顶部经过溢流隔板进入油槽并从出油口流出，水经溢流挡板进入水槽并从排水口流出。

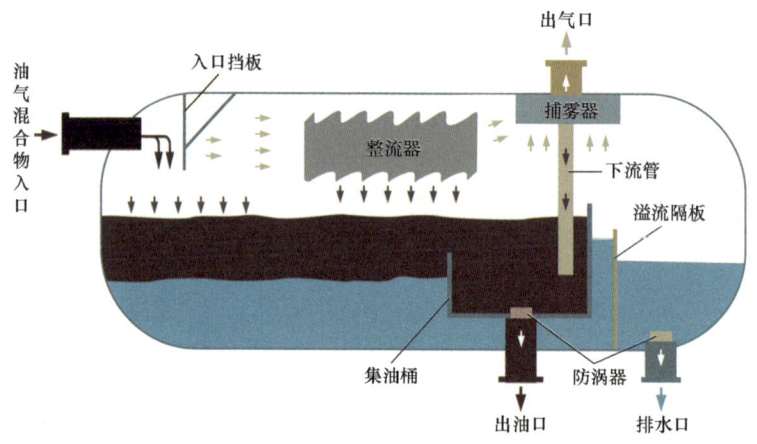

图5.6 卧式三相分离器结构示意图

立式三相分离器，油气混合流体经油气混合物入口进入分离器后，通过流速和流向的突变完成基本相分离，气体向上流动过程中在气体通道经重力沉降分离出液滴，液体经降液管进入油水界面，气泡及油向上流动，水向下流动得以分离。

5.4 原油是如何脱水的？

从地下开采出来的原油都含有水，含水量有多有少。为什么原油里会有水呢？因为石油是从地下可渗透的岩石中采出来的，这些岩石中除了含有原油和天然气外，还经常含有大量的水。可以说，石油和油层水是一对孪生兄弟。由于水的流动性比石油好，当原油和天然气通过油井采出地下时，势必将部分水携带上来。同时，随着原油和天然气的采出，地层压力逐渐降低。为了保持油层压力、实现油田长期高产稳产，生产实践中广泛采用向地层注水补充能量的开发方式，以提高油田的采收率。因此，在油田开发初期，原油中含水量相对较低，随着二次采油的实施，大量的水被注入地下，开采出的原油含水量会不断上升。另外，对部分原油黏度较高的油井有时采用井下掺热水或掺活性水的开采方法，或者为了降低原油的黏度，便于原油的输送，有时又采用地面掺水的集油方法。

原油含水不仅增加了储存、输送、炼制过程中设备的负荷，而且增加了升温时的燃料消耗，甚至因为水中含盐等而引起设备和管道的结垢或腐蚀。因此，必须将水从原油中分离出来，才能将原油加工成人们所需要的粗原油。

原油中所含的水分，有的在常温下用简单的沉降法短时间就能从油中分离出来，这类水称为游离水，有的则很难用沉降法从油中分离，这类水称为乳化水，乳化水与原油的混合物称油水乳状液，也称原油乳状液。原油和水形成的乳状液主要有两种类型，"油包水"型或"水包油"型（图5.7），无论何种类型的乳状液都有一定稳定性，要打破这种稳定性才能使油水分离，达到脱水目的，通常的方法是：加化学破乳剂迅速占据油水界面，降低油水界面薄膜的表面张力，从而破坏乳状液稳定性，使油水分离，这一过程业内称为破乳。所添加的化学破乳剂能迅速占据油水界面，降低油水界面薄膜的表面张力，从而破坏乳状液稳定性，使油水分离。

一般对于含水率大于30%的原油，在脱水前先进行预沉降处理，分离出

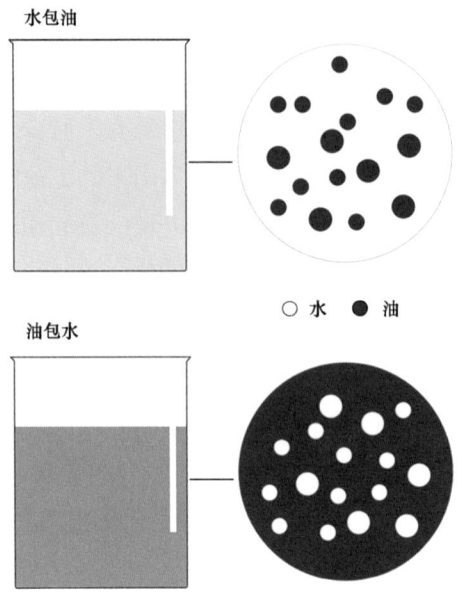

图 5.7 原油和水形成的乳状液类型

游离水后再进入脱水装置。热化学沉降脱水根据处理的过程是否密闭,又分为原油开式罐沉降脱水和原油压力罐沉降脱水。无论采取哪种方式脱水,外输原油之前,一般含水率要求不超过 0.5%。

选用什么方法进行脱水应根据油水性质、含水率、天然乳化剂类型、乳状液分散度和稳定性等进行实验后选择。在油田生产实践中,经常是综合应用多种方法进行原油脱水。而原油脱水设备则是脱水技术的体现,它在原油脱水过程中占有重要地位。脱水设备的结构直接关系到脱水的效果、效率和原油的质量,以及生产运行成本,进而影响原油脱水生产的总经济效益。因此,人们结合油气集输与处理工艺流程研制了先进的大型脱水耐压容器,逐渐走向"无罐化",不再使用储罐式沉降分离设备,而普遍采用耐压沉降分离设备。

水在油田开发过程中,几乎是原油的"永远伴生者",特别是在油田开发的中后期,油井不采水,也就没有了油。因此,原油脱水是油田开发过程中一个不可缺少的重要环节(图 5.8)。

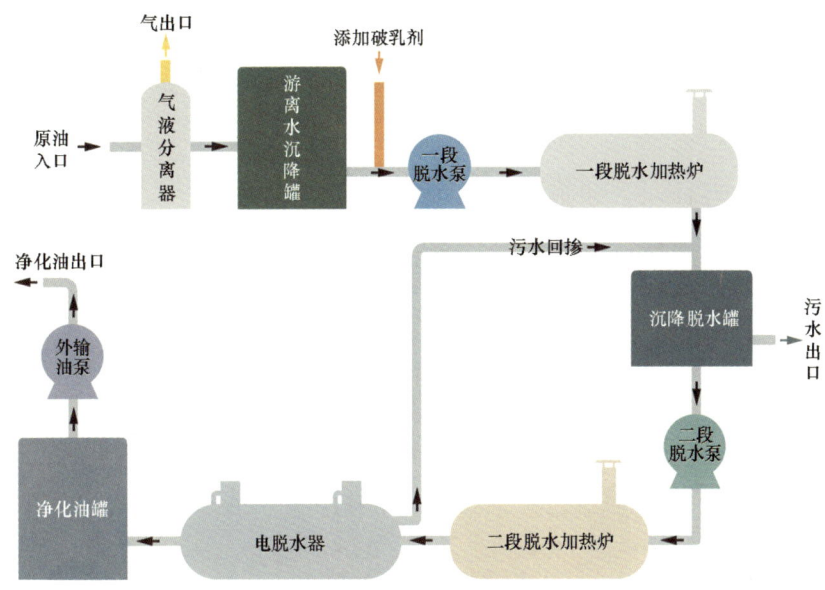

图 5.8　原油脱水工艺流程图

5.5　沉降罐中的原油"稳定"

原油从地下采到地面，经油气分离和脱水后，仍残留少量 C_1—C_5 轻组分烃类。含有 C_5 以下轻烃、饱和蒸气压超过规范要求的原油称为未稳定原油。为适应油气集输过程中的工艺要求，需要采用加热、降压、储存等措施，客观上为原油中轻烃挥发提供条件。

在开放式集输流程中，原油在敞口储罐中的蒸发损耗更大。根据各油田油气损耗调查测定情况，这部分损耗约占总损失的 40%。为减少原油储运过程中的蒸发损耗，将原油中 C_5 以下轻组分烃类脱除并回收的工艺过程称为原油稳定。经稳定处理后饱和蒸气压符合规范要求的原油称为稳定原油。原油稳定具有较高的经济效益，可以回收大量轻烃作为化工原料，同时，可使原油安全输送并减少对环境的污染。

原油稳定方法通常分为闪蒸法和分馏法两类，基本原理是利用原油中轻重组分挥发度不同来实现从原油中分离出轻烃组分，从而达到降低原油蒸气压的目的。

闪蒸法通过提高原油温度，或者降低原油压力，破坏原来的气液平衡状态，使原油中轻组分挥发出来进入气相，重组分留在液相中，达到从原油中分离并回收轻组分、实现原油稳定的目的（图5.9）。

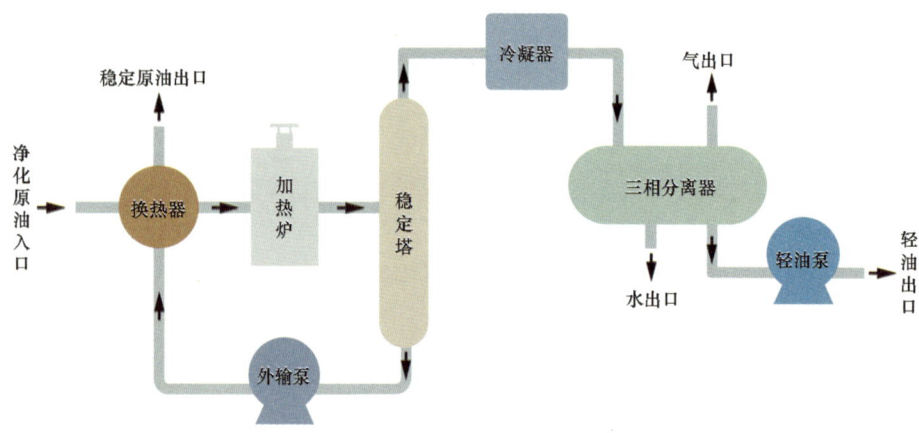

图5.9　原油闪蒸稳定原理图

分馏法是通过把原油加热到一定温度，利用原油中轻、重组分挥发度不同的特点，采用蒸储原理，使气液两相经过多次平衡分离，其中易挥发的轻组分尽可能转移到气相，而难挥发的重组分保留在原油中来实现原油稳定。

由于原油组分、稳定程度要求和工艺系统的不同，闪蒸法和分馏法的工艺参数、设备选型、流程安排又都各不相同，因此又出现了多种稳定方法。常用的闪蒸稳定方法有原油负压闪蒸稳定、原油正压闪蒸稳定和原油加热闪蒸稳定等三种；常用的分馏稳定方法有原油全塔分馏稳定、原油提馏稳定和原油精馏稳定等三种（图5.10）。

世界各产油国相继发展了一些比较完善的稳定方法，以提高收率，获得较高的经济效益。20 世纪 70 年代以后，中国各油田相继建设了一批原油稳定装置，以确保经过脱盐脱水后的原油进罐储存时达到稳定的要求。

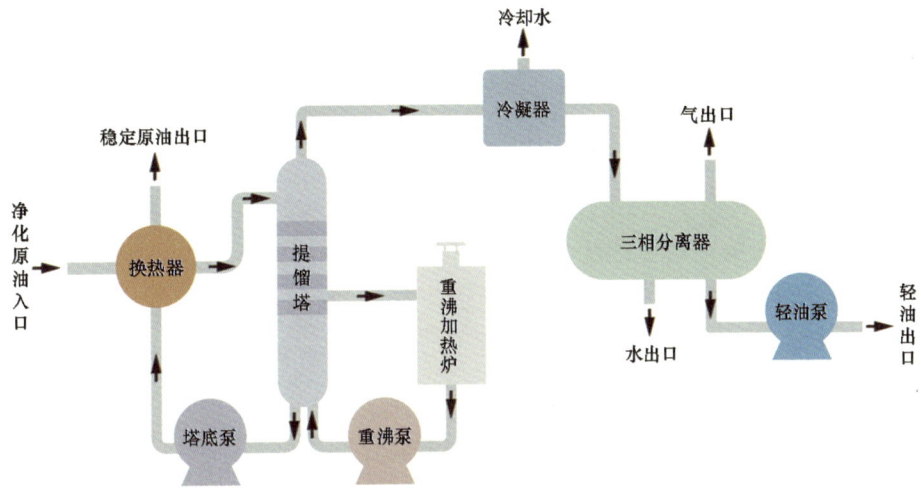

图 5.10　原油提馏稳定原理图

5.6　原油集输系统要除砂

在开采石油的过程中，会有泥砂等杂质随着原油开采出来。虽然采用了多种井下防砂工艺，可惜没有一种工艺能够把泥砂全部截留在地下，因此造成了油井产出物到达地面以后仍然含有相当数量的砂粒，并带入地面原油集输系统。

砂对集输系统的危害可以说是无处不在。当含砂的油井产出物在管内流速较低时，它会在管内沉积，造成管道堵塞；当流速较高时，它会磨损管道内壁；进入机泵时它会磨损机泵，造成机泵的使用寿命大大缩短；进入容器后，它会沉积在容器底部，减少容器的有效容积。所以，除砂对集输系统的必要性用"眼里容不得沙子"来形容一点也不为过，越早除去越好，除得越干净越好。

鉴于砂对集输系统的危害性极为严重，石油工程师对地面除砂工艺和设备研制投入了大量人力和物力，成功开发多种除砂工艺和配套装备。常用的除砂方法有：离心分离法、过滤法、虹吸法或抽吸法。由于油井产出物都是通过管道连续性集输的，为了能够在不停产的情况下把砂从油井产出物中分离出来，一般用离心法或过滤法。对于卧式容器一般采用虹吸法将砂排出。对于大罐一般采用抽吸的方法将砂排出。

从容器或管道中脱出的砂中还含有一定量的原油，这部分含油砂直接掩埋或堆放会污染环境。因此，还必须把砂中的污油清理回收，这就需要洗砂。洗砂方法主要有沉降水洗和旋流洗砂方法。沉降水洗就是把清出的含油砂用水反复冲洗，砂子沉下，然后回收含油污水。沉降水洗方法占地面积大，能耗较高。旋流洗砂把油砂和水重新混合，然后用泵抽汲到特制的旋流器中，在离心力的作用下，实现砂液分离，达到洗砂的目的（图 5.11）。根据含油情况，可增加洗砂的级数，一般一至两级，最多三级。特别难洗的油砂可加入一定的表面活性剂进行浸泡，然后再进行旋流清洗。

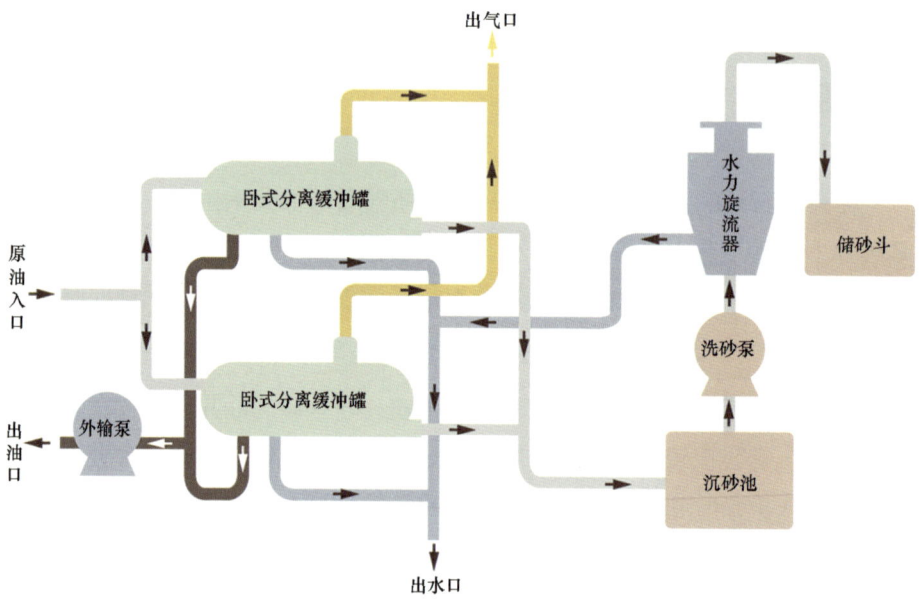

图 5.11　除砂和洗砂工艺流程简图

随着油田开发的不断深入，油田采出液中含砂量会有所增加，长时间大量积累势必给油气集输系统造成一系列的危害，甚至影响系统运行，解决采出液含砂对集输管道和设备的磨损，以及含油砂对环境的污染，需要油田对每个环节进行综合处理，以提高集输工艺的技术水平。

5.7 油田污水去哪里？

石油开采过程中，采油、修井作业等生产环节产出的污水统称为油田采出水，在油田上习惯将油田采出水称为油田污水或含油污水。对于陆地油田而言，含油污水经处理后，污水水质达到注水标准，便可作为注水水源再次回注；对于海上油田，含油污水经处理后，水质达到标准，便可回注或排放。

油田开发过程中，注入水的水源主要是地面淡水、地下浅层水及处理后的含油污水。为了节约地球上的淡水资源，目前注入油层的水大部分来自处理过的油田污水。

回注的含油污水必须经过处理才可以再利用（图5.12），如果油层注入了未经处理的含油污水，就像人喝了未经处理的生水一样，会引发各种疾病，未处理的含油污水一般含有大量的悬浮固体、乳化油、细菌等有害物质，如果未经处理或者处理不合格的污水回注到油层中，会造成大量细菌的繁殖、机械杂质以及铁的沉淀物，进而堵塞油层，引起注水压力上升，影响注水效果和原油采收率。另外，部分油田区块尚未采用注水开采方式，又没有重复利用的可能，采出水就只能处理达标后排放。由此可见，处理含油污水的目的有三个方面：一是回收、利用水资源，二是回收污水中的石油，三是保护环境。

国内外污水处理工艺基本相同，国内油田开展了一系列有针对性的污水处理方法研究、试验、推广应用，主要包括净化技术、缓蚀技术、防垢技术、微生物及其杀菌技术等。一般是通过物理、化学方法将油田采出水中的

图 5.12　油田污水处理罐

原油及其他杂质从水中分离出来，使污水得到净化，达到符合注水水质标准、回收或排放标准。

含油污水如果不经处理直接排放，不仅会造成土壤、水源的污染，还会造成空气污染，甚至会引起污油着火事故，威胁人民的生命安全，造成经济损失。因此，结合我国油田实际情况，如何高效经济地处理及应用油田含油污水，达到节能、降耗、保护环境、重复利用水资源的目的，成为油田水处理设施设计、建设、改造的重要问题。

同时随着油田开发的不断深入，采出水量会越来越大，加之聚合物驱油、三元复合驱油等提高采收率技术的广泛应用，采出水的成分变得越来越复杂，处理难度也越来越大。采用高效节能、低投入、低成本的含油污水处理技术将是未来的发展趋势。

如果油田污水处理回注率为100%，即不管原油含水率多高，从油层中采出的污水和地面处理、作业排出的污水全部处理回注，不仅可以节省大量水资源和取水设施的建设成本，而且可以使油田污水资源变废为宝。因此，油田污水的回注对于保护、节约水资源，保护生态平衡促进可持续发展，具有重要的意义。

5.8 油田污泥变废为宝

石油开采过程中会产生大量含油污泥。含油污泥是石油生产中的伴生品，据统计，我国每年产生的油田污泥总量达 500 余万吨，并且随着油田进入中后期高含水开采阶段，油田污泥量还会继续增加。假如含油污泥不经过处理就直接露天堆放，不仅会对环境造成一定影响，还可能对人及其他生物的健康安全造成危害。

国内早期处置油田污泥的方法比较原始，也很简单，就是直接填埋，随着环保政策的变化，油田污泥在向着无害化处理的方向发展。

石油开采和处理过程中产出的污泥，若不及时加以处理整治，污泥中的苯类、酚类、蒽类等势必对周围土壤、水体、空气及其生物圈造成污染。

污泥中的油气挥发，使生产区域内空气质量总烃浓度超标；散落和堆放的污泥污染地表水甚至地下水；油田污泥含有大量的原油，造成土壤中石油类超标，土壤板结，使区域内的植被遭到破坏，草原退化，生态环境受到影响；在原油生产系统中，一部分油田污泥在脱水和污水处理系统中循环，造成工况恶化和能量的巨大损耗，影响生产。因此，油田污泥已被列入《国家危险废物名录》，必须采用综合治理法把原油从油污泥里面提取出来，处理掉其中的有毒、有害物质，以期最大限度减少污染危害。

油田污泥的环保再利用方法主要有三种：物理方法、化学方法、生物方法。过去，只注重油泥中油品的回收利用，对污泥资源化利用涉及较少。随着科技的进步，科研人员正在积极研究油田污泥资源化的处理方法。这里我们重点介绍一下溶剂萃取技术法，这项技术是油田污泥资源化应用的常规方法之一，利用萃取剂将油田污泥溶解，经搅拌、离心后，通过萃取剂将大部分有机物和油从污泥中提取出来，回收油经过回炼后可作为燃料油使用，萃取剂经回收蒸馏可从混合物中分离出来并循环使用（图5.13）。在实际应用中，萃取技术与其他技术联合使用，可取得较高的油品回收率。

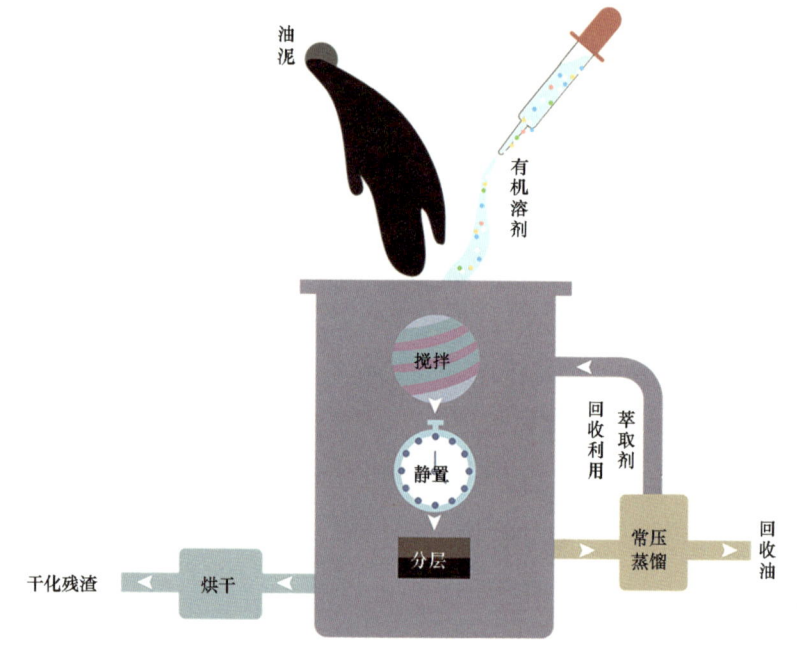

图5.13 污泥溶剂萃取法简图

油田污泥生物处理法，针对油污泥中各类有毒矿物质，利用多种生物、化学添加剂把有毒物质与土壤进行深度调和，添加原油解凝剂以解凝原油，添加辅助材料厌氧堆腐，添加微生物菌剂、有氧发酵，植物辅助助解等。

污泥的分解是非常重要的环节，污泥综合利用就是通过各种技术将油田污泥危险性降到最低，甚至达到零污染。通过分质处理、减量化处理、浮渣减量化处理、油泥沙减量化处理，对减量化处理后剩余的污泥采用掺煤燃烧技术或进行改性加工成调剖剂注入油层，把毒害物降低到零。

世界多个产油国也建立了多个项目体系把油田污泥推到了绿色营销的方案中，经过处理的油污泥甚至可用于建材，可用于铺设道路、铺垫井场、自然坑洼填充等，从而实现了变废为宝。

5.9 天然气的净化

随着"陕气进京"和"西气东输"两大天然气输气工程的实施，天然气开始"气化"京、津地区，走入长江中下游地区的千家万户，中国迎来了清洁能源大发展的天然气时代（图5.14）。当我们用着纯净的天然气煮饭烹茶的时候，有没有想过，天然气难道"天然"就是这么纯净的吗？

答案当然是否定的，那么天然气最原始的状态和成分都是什么样子呢？从地层深部开采出来的天然气含有多种成分，除主要成分甲烷外，往往含有砂和混入的铁锈等固体杂质，以及饱和水蒸气、硫化物和二氧化碳

图5.14 大型天然气净化总厂

等多种成分。砂、铁锈等尘粒随气流运动，会磨损压缩机、管道和仪表的各种部件，甚至造成压缩机停机、管道停输，引发中断供应等情形。有时还会形成液态水、冰或水合物，积聚在管道的某些部位，影响输气的正常进行。因此，天然气进入输气管道之前必须净化，除去天然气中的各种尘粒、凝析液、水及其他组分。

作为商品的天然气，一定要经过净化，脱除粗燃气中杂质，才能符合城市燃气质量要求（图 5.15）。那么，我们一起来看看这个净化的全过程吧！

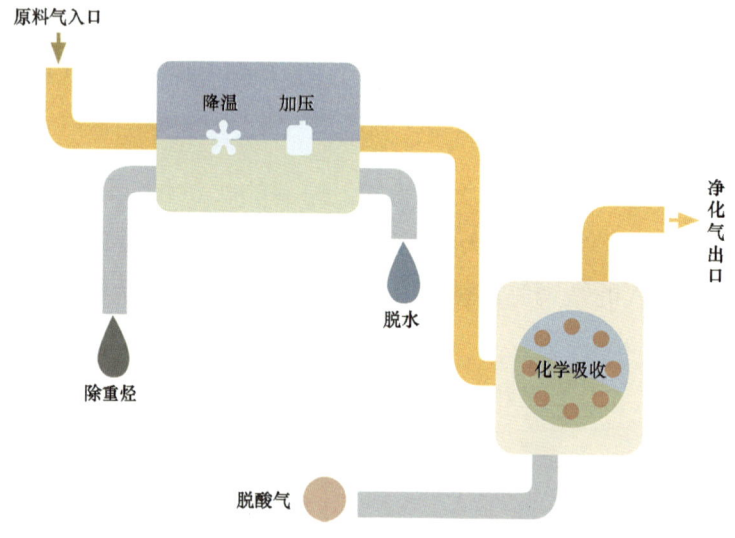

图 5.15 天然气净化工艺简图

脱离水的束缚：天然气中水成分的存在造成的危害真不小，一方面由于水的存在会使天然气中的部分气体变成酸性液体，加重对采气管柱和输气管道管壁的腐蚀，降低管线的强度，缩短管线的使用寿命；另一方面，大家都知道，天然气是靠管线输送，天然气中一般都含有饱和的水蒸气，当输气管线周围介质温度低于气体温度时，水蒸气将凝结成液体，甚至结冰或形成水合物，严重时会堵塞阀门或管线。脱水处理主要有三种方法：液体吸收法、固体吸收法、低温法。

驱除有害气体：天然气中含有酸性气体，如二氧化碳、硫化氢等。这些酸性气体，在天然气作为燃料时，会危害人们的生命安全，在用作化工原料时，会使催化剂中毒，降低催化效果，甚至失去催化作用，影响产品质量。因此，天然气达到商品气标准必须进行脱硫化氢处理。

去除硫醇和较重的烃类：经过脱水脱硫处理后的天然气，仍然不能直接作为燃料气或化工原料，还必须按一定的标准和要求将天然气中的硫醇和较重的烃类分离出来。

由此可见，经过净化处理的天然气，既是重要的燃料又是宝贵的工业原料，而且天然气确实来之不易，天然气成就蓝天白云（图 5.16）。

图 5.16 美丽的天然气净化厂

六　油气家族中的新宠

地下蕴藏着丰富的油气资源，有的埋得深、有的埋得浅，有的好采，有的难采。原油品质、储藏特性也各具特色，故有常规油气和非常规油气之分。现如今非常规油气成为油气家族的新宠，它们改变着世界的能源格局，它们都是谁呢？页岩油、页岩气、致密油、致密气、煤层气、油砂、天然气水合物等，其开采工艺各具特点，新技术如雨后春笋般不断涌现，让我们一起来看看吧！

6.1 非常规油气知多少?

石油行业内一提到非常规油气概念,首先想到的是常规油气,它们有何区别,又有何联系?

常规油气是指砂岩、页岩与煤岩等生成的油气,向外运移到圈闭里聚集的油气,这类油气藏在单一圈闭中聚集,具有统一的压力系统和油气水界面,这类油气采用直井等传统技术就可以获得自然产能,可以实现油气资源的经济开采(图6.1)。

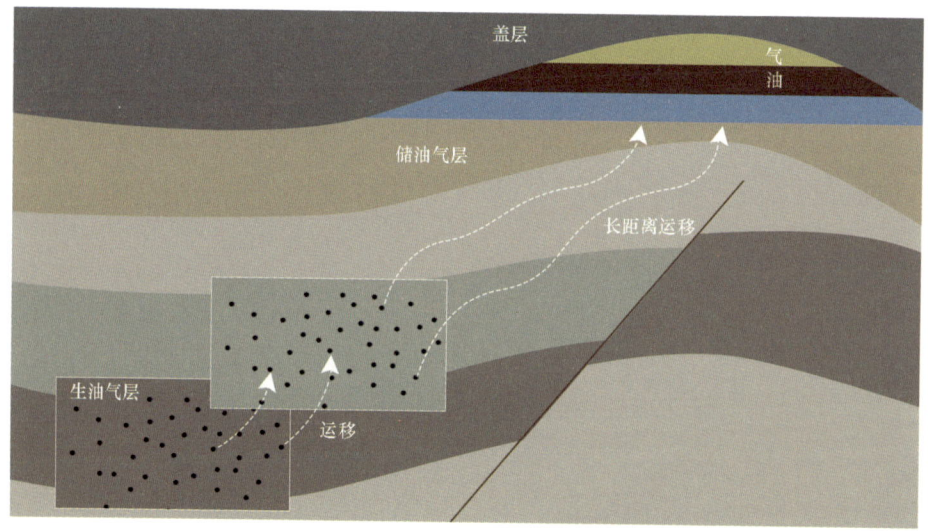

图 6.1 常规油气生成变迁图

非常规油气,是砂岩、页岩与煤岩等生成的油气滞留,或向外运移至致密储层中的油气,这类油气采用传统技术无法获得自然工业产量,需用新技术改善储层渗透率或流体黏度才能经济开采(图6.2)。评价这类油气藏就是要寻找连续型"甜点区",要采用水平井体积压裂、平台式"工厂化"开采等特殊工艺才可以实现有效开采。非常规油气包括页岩油、致密油、页岩气、致密气、煤层气、油砂+重油、天然气水合物等。我国非常规石油资源规模约240亿吨,非常规天然气资源规模约为100万亿立方米。

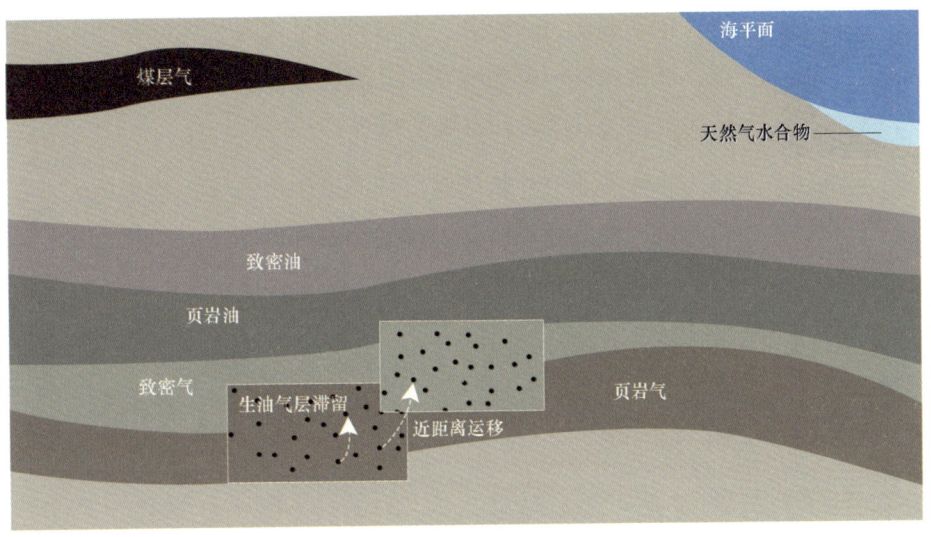

图 6.2 非常规油气生成变迁图

非常规油气革命性跨越式发展得益于理论、技术、管理"三个创新"。理论创新打破了常规渗透性储层、经典圈闭油气成藏的概念,突破了直井达西渗流开发的技术路线,提出了连续型"甜点区"非常规油气理论,为非常规油气地质新学科的建立奠定基础。

技术创新打破了以直井为主的井筒方式,创建了非常规油气水平井、平台式、体积压裂技术,形成"人造油气藏"理论,突破了依靠达西渗流开发的传统认识。

管理创新突破了科技、管理、市场分界围墙,建立一体化最优降成本机制与体制。非常规"低品位"资源,必须"低成本"开发,尤其在中低油价时代,"低成本战略"将成为油公司发展的生命。

非常规油气在地质理论、开发技术、管理模式等方面不同于常规油气,产业发展具有"三个必然"特点。第一,常规—非常规油气有序聚集的基本规律,指导油气勘探开发从常规进入非常规油气新阶段,是石油工业发展的必然历史趋势。第二,非常规油气开发需建立"人造油气藏"理论技术,实现地下页岩油原位转化、地下煤炭气化、地下水平井压裂体积开发,通过颠

人工油气藏开采
模拟视频

覆性创新突破技术瓶颈，是非常规油气开发的必然要求。第三，非常规油气开发向深层、新区新领域、原位改质油化与气化等方向发展，开发难度不断加大。

非常规油气在新增储量和产量中所占比例越来越大，在能源供需格局变革中占有重要位置，创新低成本技术是非常规油气开发的必然路径。

6.2 北美页岩气革命

当人们一提到革命，首先想到的就是颠覆式的、突破性的重大变革。21世纪初，在油气能源领域发生了一场改变世界能源格局的革命，那就是页岩气革命，这场革命发生在以美国为代表的北美地区。对于"坐在汽车轮子上"并以消耗传统化石能源为主的美国而言，无疑是一支长效而持久的兴奋剂。

页岩气革命的标志主要表现在三个方面：革命性的技术、超前的管理理念和创新的能源政策。

页岩气开采根本不可能像常规油气一样，在地面钻一口井，井筒周围的油气就会涌过来。开采实践表明，要想得到足够数量的页岩气，只能沿着水平方向，在地下的页岩层横向钻探，把页岩一点点弄裂，释放出页岩气。这就间接催生了"水平井钻井"和"水平井分段压裂"这两项革命性技术。

水平井钻井就是利用钻井设备，从地面垂直向下打钻一段距离，到达某一深度后开始倾斜钻进并继续延伸，以井眼轨迹几乎水平进入储层，并沿着储层穿行一定距离。随着水平井钻井设备、钻井液体系、固井技术等技术的突破，水平段从以往的几百米突破到上千米，并向万米大关挺进，真正实现了钻井工艺"指哪打哪"的技术创新，使水平井成为开采非常规油气的主角。

水平井分段压裂技术，采用分段压裂工具，将水平段分成若干小段，并在每小段上进行射孔，再利用体积压裂技术，形成裂缝。随着可钻桥塞分段压裂工具、分簇射孔技术、滑溜水技术等关键技术和三维微地震裂缝监测技术的突破，水平井的分段压裂形成的裂缝会垂直井筒延伸出去近百米，组成一个裂缝网络，大幅度扩大水平井的控制体积和波及范围，实现页岩气的大幅增产（图6.3）。

图6.3 水平井缝网压裂示意图

页岩气产量较常规油气低，开采成本高。为了提高效率和降低成本，在通过技术提高产量的情况下，也通过管理创新降低成本。最典型的管理理念就是采用工厂化作业模式。工厂化作业最早是美国人移植大机器生产的流水作业线方式，为了降低成本、提高劳动生产率，现被用于石油开采、特别是非常规油气资源的发现和开发。通过批量化、标准化钻井提高钻井作业的进度和缩短钻井作业的周期，从以往的几十天完钻一口水平井缩短到十几天甚至几天完钻。再就是水平井压裂，在各种原材料连续供应和避免扰民措施的保障下，采用24小时不间断作业和拉链式工厂化作业方式，将压裂从以往一天作业几段，提高到一天作业十几段，节省了设备待机和人力怠工时间，大大提高了作业的效率，大幅降低了压裂成本。

创新的能源政策：美国油气法律中有一项"捕获原则"，即只要在你的地里开采出的石油和天然气就归属于你，不管这地是你买的还是租的，也不管油气是不是从旁边地下流过来的，这条原则激励了各个油公司研究新技术，想尽办法抢先把页岩气开采出来，从而也促进了页岩气革命。美国页岩气区块大多地势平坦、道路基础设施好，页岩气开发所对应的设备运输、生活补给成本较低。此外，美国很早就建设了全世界最发达的油气管网，可以大幅度降低页岩气的运输成本。美国政府还在20世纪80年代颁布了一系列法律法规、税收、补贴等优惠政策，金融市场也积极推动，极大地鼓励了中小独立油气企业参与到页岩油气资源的开发中。

北美地区的页岩气革命震惊了世界，页岩气已成为美国油气勘探开发的主体，同时推动了世界非常规油气开发的发展进程，使全球页岩气开发规模不断扩大。

中国在2020年在全国范围内优选出50~80个有利目标区和20~30个勘探开发区，页岩气可采储量稳定增长，使页岩气成为我国重要的清洁能源资源。

6.3 中国第一口页岩气井

页岩气是蕴藏于页岩烃源岩地层中的天然气资源。我国拥有丰富的页岩气资源，但勘探开发起步较晚，早期的传统认识也制约了对页岩气开采工艺的研发。北美的页岩气革命给了我们很多启示，天然气工业的发展也为我国页岩气带来了机遇。2008年，我国在四川盆地长宁构造钻探了国内第一口页岩气资料井——长芯1井，钻遇地层为下志留统龙马溪组底部和上奥陶统五峰组、宝塔组，厚度大于150米。通过对岩心实验分析，发现岩石类型以泥页岩为主，有机质含量大于2%，确定了四川盆地五峰组—龙马溪组为页岩气开采的主力层系。通过长芯1井的成功钻探和系统研究，也坚定了我们进行页岩气开采的信心。

经过对取心井的分析以及对四川盆地的整体解剖，确定了我国页岩气开发主力区就在四川盆地。通过科学论证，陆续钻探了威201井、威201-H1井、威201-H3井、宁201-H1井等井，拉开了我国页岩气规模开发的序幕。这里最重要的井就是我国第一口具有工业意义上的页岩气井——威201井（图6.4）。

图6.4 中国第一口页岩气井——威201井

威远气矿有50多年的开发历史,是我国重要的早期产气区之一,1958年3月27日,毛泽东同志曾经视察这个气矿,当时被称为隆昌气矿。

2009年,在四川盆地威远地区,钻探部署了我国第一口页岩气井——威201井,设计井深2800米,在龙马溪组页岩段压裂获得页岩气测试产量(0.3~1.7)万立方米/天,回答了威远地区有无页岩气的地质问题。威201井的投产标志着中国页岩气开发迈出了实质性步伐,掀开了我国页岩气开发自主探索阶段的序幕。

威201井的成功,带动了威远地区页岩气的快速上产,也使这一地区成功入选国家级页岩气示范区。

四川盆地作为我国页岩气勘探开发的主战场,在泸州诞生了国内首个深层万亿立方米页岩气大气田,这是继长宁、威远浅层万亿立方米页岩气大气田以来,再次获得勘探突破。

6.4 打开致密油气藏的"金钥匙"

致密油气一般是指储集在覆压基质渗透率小于或等于 0.1 毫达西的致密砂岩、致密碳酸盐岩等储层中的石油和天然气。中国致密油气资源非常丰富，主要分布在鄂尔多斯盆地、四川盆地等，包括数个亿吨级油田和千亿立方米级气田。

致密油是夹在或紧邻优质生油层系的致密储层中、未经大规模长距离运移的石油聚集，是与生油岩系共生或紧邻的大面积连续分布的石油资源。储层岩性主要包括致密砂岩、致密石灰岩和碳酸盐岩，其中致密砂岩是致密油最好的储层，因此国内的致密油一般专指致密砂岩油。"致密"两字表征了致密油的特点，即储层的孔隙度和渗透率极低。

致密油气和常规油气有显著的不同：致密油气大面积连续分布，有的致密油气藏的面积可达几百到几万平方千米，不同于常规油气开采需要寻找地质构造上的圈闭区域，致密油气分布一般不受地质构造的控制；不同区域的储层差异特别大，开采难度也不尽相同，需要找到储层的压力、渗透率、饱和度、微裂缝等多个条件相对较好的区域进行开发，即寻找"甜点区"。油气开采中必须采用大规模储层改造技术，酸化压裂、水平井分段压裂、水平井体积压裂等新技术都是最早在致密油气开采中得到应用。

新技术的突破是实现致密油气成功开发的钥匙。我国早在 1971 年就在四川盆地西部发现了中坝致密气田。但由于开发理论不完善，开采工艺不够先进，导致开采成本高，产量很低，未能规模建产。21 世纪初，致密油气的勘探和开发进入高速发展期，"甜点区"优选理论技术实现突破，致密油气储层改造和效益开发技术实现升级，致密油气的产量成为我国油气产量稳产增产的重要支撑。

"甜点区"资源的经济性是勘探开发关注的重点，"甜点区"一词是由英文（Sweet Heart）直译而来，是指储层品质最好的区域。经济性是通过对"甜点区"的资源规模、储层品质和产出能力综合地进行经济评价。以致密

油为例,"甜点区"评价采用的定性参数标准是烃源岩总有机碳含量(TOC, Total Organic Carbon)大于 2%,有效储层厚度大于 15 米,平均孔隙度大于 8%,含油饱和度大于 40% 等。

要想实现"甜点区"效益开发,就要用到储层改造技术。目前最常用的储层改造技术是水平井分段压裂技术。主要包括以下几个要点:利用测井、录井、地震等资料,对水平井的水平段进行评价,优化射孔位置;通过采用速钻桥塞、可溶桥塞等分段工具,将水平段分成若干部分,并利用分簇射孔工具打开井筒和地层间的通道;在地面用大规模、大排量的压裂液压开储层,形成裂缝,实现对致密油的改造。

在鄂尔多斯、松辽、三塘湖、准噶尔、渤海湾等多个盆地,通过技术创新与创新管理,降低工程作业成本,国内致密油气实现了规模效益开发。典型致密油井日产油在 25 吨以上,3 年累计产油超过 20000 吨,部分高产井估算最终采收量可达 50000 吨以上。致密气井平均单井日产气不足 1 万立方米,采用超长水平井技术后,实现了百万立方米、无阻流量达 300 万立方米的梦想。

6.5 页岩油大"甜点"

页岩油是储存在生油页岩层中未被运移出去的石油资源,包括泥页岩孔隙和裂缝中的石油以及泥页岩层系中的致密碳酸盐岩或碎屑岩邻层和夹层中的石油。富有机质页岩层系烃源岩内的粉砂岩、细砂岩、碳酸盐岩单层厚度不大于 5 米,累计厚度占页岩层系总厚度比例小于 30%。神秘的页岩油通常藏于肉眼看不见的孔隙里,并沿着微小的缝隙,流入更大的层理缝或大裂缝中。

研究表明,良好的烃源岩发育环境,奠定了陆相页岩油形成的资源基础;广泛发育陆源碎屑、混积岩多类储集体,为页岩油富集提供了良好的聚集空间；源内页岩层系，往往"源储一体，近源聚集"，发育多个"甜点段"；页岩层系"甜点段"厚度不大，但多"甜点段"相互叠置，平面分布范围广（图6.5）。

页岩油层系打开后，大多无自然产能或低于工业石油产量下限，需采用特殊工艺措施才能获得工业石油产量。技术的创新，让人们突破非常规地质构造的局限，找到了蕴藏在地下的海量页岩油资源。据统计，截至2021年，我国页岩油储量约为550亿吨，主要分布在松辽、鄂尔多斯、渤海湾、四川、准噶尔、柴达木等大型盆地，页岩油已逐步成为原油接替的现实领域。

图6.5 页岩油的"甜点区"

中高成熟度页岩油"甜点区"评价关键指标为，在页岩层系内局部有机质富含段，有机质成熟度介于0.7%～2%；存在封隔性能好的顶板和底板，可保证页岩中有足够含油量；以石英、长石、碳酸盐岩为主的脆性矿物含量大于40%，黏土矿物含量小于30%，可保证容易压裂形成复杂裂缝；地层压力超压，保证有较大的天然能量，更有利于石油开采；较低的原油黏度，含油页岩具有一定的体积规模、一定的含气量，保证能进行工业化作业和具有经济产量。

页岩油储层极其致密，常规直井开采方式下无法实现效益开发，页岩油开采的最新技术包括大平台丛式水平井、水平井体积压裂油藏改造及水平井工厂化作业。

我国陆相页岩油非均质性强、纵向多层叠置，因此大平台立体开发模式逐步发展，采用一次布井、一次完井、立体式压裂等技术，实现纵向资源的全动用，确保页岩油高效开发。受限于不同地区的差异性和内部非均质性，页岩油开采工艺还需进一步提升技术水平，降低成本。

> **小贴士**
>
> 地应力：在漫长的地质年代里，由于地质构造运动等原因使地壳物质产生了内应力效应，是地壳应力的统称。一般包括两部分：一是由覆盖岩石的重量引起的应力，它是由引力和地球自转惯性离心力引起的；二是由邻近地块或底部传递过来的构造应力。

6.6 地下原油流动的"高速路"

日常生活中一提到体积，我们首先想到的是圆柱体、立方体等空间三维体，想到的是空间概念。把水力压裂和体积这两个概念结合起来是一种全新的理念和方法。

什么是体积压裂技术呢？传统的压裂技术基于二维平面设计，施工后形成双翼对称的裂缝。而体积压裂技术是基于三维立体设计，可形成立体缝网，实现储层内压裂裂缝波及体积最大化，从而极大地提高储层的渗透率，提高油气产量，体积压裂技术现场也称为体积改造技术。

通俗地讲体积压裂就是指针对页岩、致密储层，通过水力压裂方式将石头"打碎"或者"切碎"，形成由裂缝构成的"路网"，油气从石头流向路网的距离短了，从羊肠小道汇聚的油多了，从滴答流，变成路网内的涓涓细流，再由路网汇到井筒形成潺潺溪流。这种情况下，构成"路网"的裂缝壁面与储层基质的接触面积大，石头中的油气流向裂缝流动的距离短了、所需流动的驱动力减小了，实现对储集油气的岩石的长、宽、高三维方向"立体改造"，大幅度提高油气储层的流出能力（图6.6）。

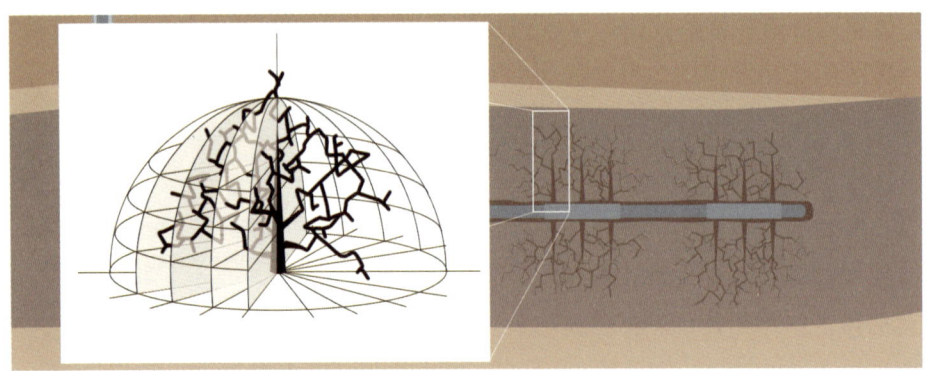

图 6.6 体积压裂工艺示意图

体积压裂技术的核心在于"打碎"或者"切碎"储层,形成复杂缝网,那么储层能否被"打碎"?主要受三个因素影响。一是储层岩石脆性。岩石易发生脆性破坏,并且破坏后不容易修复。石油科学家们通过测量获得岩石的力学参数如杨氏模量、泊松比等来量化、分析岩石是否具有脆性,从而分析这个区域的储层是否适合体积压裂增产技术。二是岩石本身含有的天然裂缝及层理特征。有的储层在亿万年的地质运动中,自身会产生天然裂缝或层理,这些天然的裂缝和层理一般处于闭合或矿物充填状态,在体积压裂改造前,几乎对产量不起任何作用,但体积压裂改造时,在压裂液带来的巨大压力下,天然裂缝或层理系统会被打开,人工裂缝往往容易沿着天然裂缝开启,从而增加裂缝网络复杂性,岩石会被切得"更碎"。三是地应力状态。岩石受到外力作用发生破裂,通常有两种情况,即张性破裂和剪性破裂。岩石在压裂时产生的裂缝会产生剪切滑移,并使形成的裂缝发生错位,这样的起裂特征会使得裂缝形成自支撑,大幅度提高裂缝导流能力,从而大大降低裂缝对加砂规模的要求。压裂产生剪切裂缝所需净压力与水平主应力差值、人工裂缝与天然裂缝的夹角的关系最为紧密,在压裂优化设计中通过优选排量和液体黏度的最佳匹配关系,计算产生剪切裂缝所需的最小净压力。

基于储层脆性、天然裂缝与层理发育程度、地应力等天然特性,多采用改变射孔方式、投入暂堵转向材料、改变作业方式等人工方法来沟通天然裂缝或促使裂缝发生转向，更大范围内实现储层有效连通，增加油气井产量。

为了实现体积压裂，石油科学家发明了水平井桥塞分段分簇射孔压裂工艺技术和裂缝转向技术，将水平井分成几个部分，一段一段地进行作业施工。每段内一般分2~9簇压裂，簇间距5~20米，每簇3~16个孔，孔眼的直径在9~11毫米之间。一般情况下压裂过程中每簇就是一条主裂缝，簇越多、越近，裂缝就越密集。在实施分簇射孔压裂时，如果簇数或孔数设计不合理，可能导致有的簇不能有效开启，或不能有效进液和携砂。分簇射孔优化中，总的孔数比分簇数更重要。无论分3簇、还是5簇，都存在一个将各簇均能压开的最佳总孔数，这是实现各簇均匀开启和延伸的关键。同时，在主裂缝侧向形成次生裂缝，并实现次生裂缝继续分枝，形成二级乃至多级次生裂缝，最终使主裂缝与多级次生裂缝相互交织，形成立体的网络系统，实现储层内天然裂缝、岩石层理的大范围有效沟通。

体积改造技术视频

6.7　滑溜水的神奇功效

压裂液是压裂施工过程中，将地面泵压转换成地下压力，实现造缝的必备材料，可以说是压裂施工的"血液"。压裂施工中为了满足传递压力和携带砂子的需求，通常会再添加一些化学剂，形成压裂作业专用的压裂液。

压裂液的用量随储层改造规模的不同，用量差异很大。一般的常规压裂施工用液量在百立方米量级，大规模压裂在千立方米、万立方米量级。在降低成本、提高产量、绿色环保等方面对压裂液性能提出了新挑战，其中最重要的指标是压裂液的降阻性能和黏度。为此，石油科学家发明了一种被称为"滑溜水"的压裂液（图6.7），这种"滑溜水"具有低成本、低黏度、低摩阻的特性。滑溜水的特性直接关系到施工的成败，具有非常重要的地位和作用。

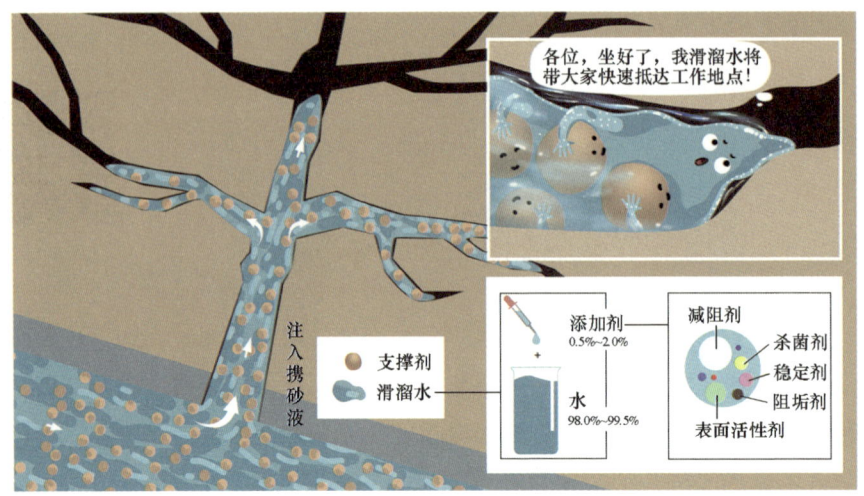

图 6.7 滑溜水工作机理示意图

滑溜水,顾名思义,这种压裂液超级"滑溜",从井口经过井筒进入地层过程中,阻力极低,同时成分相对简单,在现场可以直接在线配制,已经成为低渗透致密气、页岩气、煤层气、致密油、页岩油等非常规油气储层改造的良方优品。

滑溜水压裂液可以采用阴离子聚合物,也可以用低浓度的瓜尔胶,其中 98.0%~99.5% 是水,添加剂一般占滑溜水总体积的 0.5%~2.0%,添加剂包括减阻剂、表面活性剂、阻垢剂、黏土稳定剂以及杀菌剂等。减阻剂是滑溜水压裂液的核心添加剂,也是让滑溜水"滑溜"的主要角色。减阻剂在滑溜水中所占的比例虽然很小,但却是滑溜水压裂液中最关键的组成部分,其作用在于降低施工过程中的泵送摩阻,从而尽可能提高排量,同时减小设备的负荷和高压风险,实现安全施工。减阻剂在压裂现场使用时,直接泵送到混砂车上的搅拌罐汇中,在快速搅拌下实现分散和溶解,整个过程用时小于 1 分钟,操作简单方便。从混砂车出液端取出的样品若能用玻璃棒拉起丝线状,即为合格的滑溜水。丙烯酰胺类聚合物、聚氧化乙烯(PEO)、瓜尔胶及其衍生物、纤维素衍生物以及黏弹性表面活性剂等均可作为减阻剂使用。

滑溜水与清水相比可将摩擦压力降低 50%~70%,同时具有较好的防膨性能和动态悬浮性,其黏度很低,一般在 10 毫帕·秒以下。相对于传统的凝胶压裂液体系，滑溜水压裂液体系以其高效、低成本的特点在页岩气开发中被广泛应用（图 6.8）。

滑溜水

冻胶

图 6.8　滑溜水与常规压裂用的冻胶

6.8　煤层里的"瓦斯"是个宝

煤层气是与煤伴生、共生的气体资源，指储存在煤层中的烃类气体，以甲烷为主要成分，甲烷最高含量可达 95%，另外含有少量的乙烷、丙烷和丁烷，此外一般还含有硫化氢、二氧化碳和水汽。

> **小贴士**
> 游离气是游离于储层储集空间之中的天然气。吸附气是以吸附状态保存在有机质颗粒表面的气体。溶解气是以溶解状态存在于原油或水中的天然气。

煤层气燃烧后几乎不产生任何废气，是当之无愧的优质清洁能源。1 立方米煤层气的热值大约相当于 1.13 千克汽油、1.21 千克标准煤的热值。

煤层气多吸附在煤基质颗粒表面，部分游离于煤孔隙中或溶解于煤层水中，是煤的伴生矿产资源，俗称"瓦斯"，它有毒、易燃、易爆，对煤矿安全生产危害极大，当空气中氧气浓度达到 10%，若瓦斯浓度在 5%～16% 之间，就会发生爆炸。"瓦斯爆炸"直接威胁着矿工的生命安全。传统煤矿开采过程中，矿工常将矿井中的瓦斯排放到大气中，既污染了环境又浪费了资源。能否打破传统煤炭开采方式，避免瓦斯爆炸，变废为宝呢？答案是肯定的，那就是在煤矿开采之前将煤层中的瓦斯开采出来。

煤层气的开采方式包括地面钻井开采和井下瓦斯抽放，前者是常见的煤层气开采方式。在采煤前，对煤层中的瓦斯进行开采和抽放，可以大大减少风排数量，降低煤矿对通风的要求，从而将煤矿瓦斯爆炸率降低70%～85%，改善矿工的安全生产条件。因此，煤层气的开发利用具有一举多得的功效。

煤层气通常存在于地下煤层的孔隙和裂缝之中，以"吸附""游离""溶解"三种状态保存，其中"吸附"是最主要的方式。

地下煤呈块状存在，我们称为"基质块"，每个基质块都具有超大的比表面积，可以对甲烷产生极强的吸附力，将甲烷牢牢地"束缚"在基质块的内表面上，一旦压力、温度发生变化，时机成熟，煤层气就会脱离基质块，打破地下三种状态的平衡，使每一种状态煤层气的比例发生变化。

为开采煤层气，就必须要解除以"吸附"为主的束缚状态。根据吸附机理，在温度保持不变而压力发生变化的情况下，煤层每一个小煤块表面会存在不同量的吸附气体，直到在某一压力点，吸附的气体会达到饱和状态，此刻的压力称为"临界压力"。只要打破这个压力界限，降至临界压力之下，煤层气就会挣脱束缚被解放出来，我们称之为解吸。

生产实践中，发明了"排水降压"工艺，即通过各种抽水方式将煤基质中的束缚水从裂隙中抽取出来，从而实现煤层降压，解脱出的煤层气向煤层裂缝、孔隙扩散，变成自由气和游离气，随着水被不断抽吸采出，压力进一步降低，在压差作用下，煤层气以自由气的形式通过裂缝流向生产井井底，并通过井筒达到地面。

排水采气在煤层气领域一般被称为"排采"，借鉴油气领域的机抽排采工艺，主要采用抽油机排采工艺。

昔日"夺命瓦斯"已成为今日"澎湃动力"，实现了从"风吹瓦斯散"到"先抽后建、先抽后采、抽用并举、抽采达标"的转变（图6.9）。

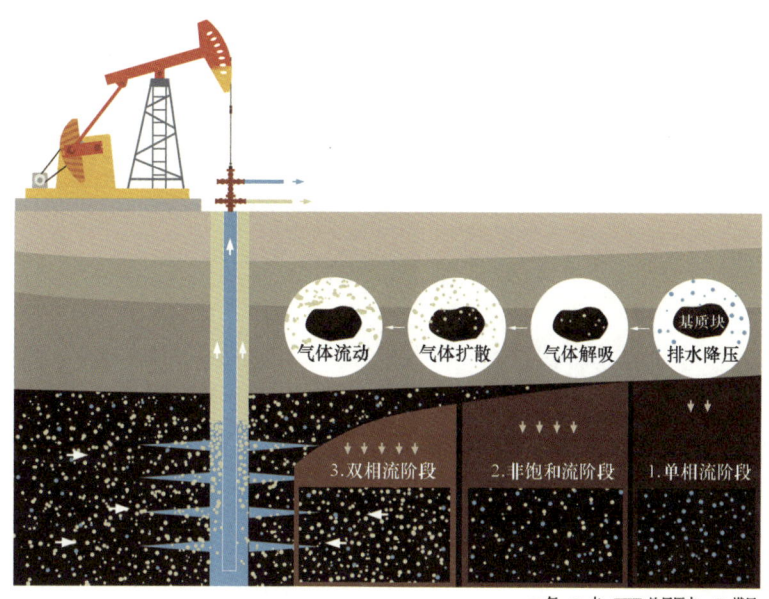

图 6.9 煤层气排采原理图

6.9 千年用不尽的可燃冰

可燃冰的学名是天然气水合物，因其外观像冰，遇火即燃，故得名。

可燃冰大多分布于陆地永久冻土区或距海面 900~1200 米的深海沉积物中，是由天然气与水在高压（1~9 兆帕）、低温（-10~28℃）条件下形成的类冰状结晶物质，天然气含量在 80%~99.9% 之间，主要成分是甲烷，标准情况下，1 立方米可燃冰可含 160~180 立方米天然气和 0.8~1.0 立方米水，燃烧后仅会生成少量的二氧化碳和水。与石油、天然气相比，可燃冰具有使用方便、燃烧值高、清洁无污染等优点，被世界公认为石油、天然气的最佳接替能源，亦是高效清洁能源。

据能源专家估计，地球上可燃冰总量超过 7.6 万亿立方米，仅海域储量就可供人类使用 1000 年，其价值堪比黄金，有"能源水晶"之称（图 6.10）。我国整个南海的可燃冰地质资源量约为 700 亿吨油当量，远景资源储量可达上千亿吨油当量,开发前景十分广阔。

深海的可燃冰,在没有外界干扰和惊动它之前,储存地的温度、压力都不会改变,它会静静地沉睡在那里。

图 6.10　海底丰富的可燃冰

开采可燃冰,如同"在豆腐上打铁、用金刚钻绣花",开采难度几乎和它的价值一样"大名鼎鼎",可谓是世界级难题。

开采可燃冰,就要改变它"沉睡"的储存条件,一旦"苏醒",就会开始大量分解、气化和自由释放。如果开采过程失控,接下来就是一连串的连锁反应,储层垮塌溃散,可能引发海底结构基础失稳、滑坡等地质灾害,可能因海水中大量天然气膨胀造成沉船或坠机事故,造成全球气候变化和海洋生态环境变化。因此开采海底可燃冰存在潜在的地质风险、生态破坏、温室效应、生产控制风险等一系列问题,必须科学开发和利用,而这需要先进的创新技术和成套装备。

可燃冰的开采方法主要有加热法、降压法、化学抑制法、固态流化开采法、CO_2 置换开采法等,但都没有成功实现商业化、规范化、绿色环保应用。

2017 年 5 月,"蓝鲸 1 号"承担了在中国珠海市东南 320 千米南海神狐海域试采可燃冰的任务，这一过程中，"蓝鲸1号"先后经受了"六大考验"。

一是海洋试采环境恶劣的考验。2017年6月12日凌晨，"蓝鲸1号"遭受了12级以上台风。

二是沙的考验。可燃冰混合在海底的泥沙中，十分不利于钻探，"蓝鲸1号"采用"地层流体抽取""未成岩超细储层防砂""天然气水合物二次生成预防"等先进的防砂及岩屑回收技术，通过保证流体的抽取来实现稳定的降压，实现了海底水、沙、气的有效分离，保证了产气通道的状态良好和试采的顺利运行。

三是防止井喷的考验。"蓝鲸1号"通过对钻井、完井、固井以及水平井、压裂等关键施工技术研究和运用，有效地防止了井喷事故的发生。

四是设备性能的考验。"蓝鲸1号"在海上连续试采60天，最核心的装备运转优良。

五是试采过程的考验。"蓝鲸1号"通过优化开采方案及设备组合，加强开采技术和方法集成，形成了实用性强的可燃冰开采六大技术体系、二十项关键技术，助力我国在海域可燃冰开发上领跑全球。

六是工作效率的考验。"蓝鲸1号"由于船舷两侧实行双塔结构，可以一边打井、一边接管，钻井效率提高30%、节约能耗10%以上。

从2017年5月10日起，"蓝鲸1号"在南海水深1266米海底以下，试采出203万～277万立方米的可燃冰（图6.11）。"蓝鲸1号"代表当今世界海洋钻井平台设计最高水平，为实现我国可燃冰的商业性开发利用，提供了技术储备，积累了宝贵经验，并将我国深水油气勘探开发能力带入世界先进行列。

图6.11　"蓝鲸1号"开采南海可燃冰

6.10 "深海一号"打开海洋宝藏之门

> **小贴士**
> 海上采油平台就是用于近海和远海石油开采的平台，按特点可分为固定式平台和浮式平台，按布置方案可分为综合式采油平台和组合式采油平台，按作用可分为油气开采平台、油气集输平台和服务平台三种。最新的海上采油平台是开采储油一体化平台。

在我国的南海蕴藏着极其丰富的油气资源，据资源调查其石油资源量约为 251 亿吨，天然气资源量约为 36.5 万亿立方米，约 50% 的油气储量在深海海域，因此，深海装备是动用这些资源的大国重器，深水被视为 21 世纪潜力巨大的能源接替区。

1500 米，通常被国际上定义为深水与超深水的分界线。尽管超深水区蕴藏着丰富的油气资源，但走向深水的每一步都"难如登天"。

"深海一号"能源站堪称全球海上采油巨无霸，最大排水量达 11 万吨，相当于 3 艘中型航母，实现了 3 项世界首创，即半潜式平台立柱储油，采用世界跨度最大的半潜式平台桁架式组块，首次在陆地上采用船坞内湿式半坐墩大合拢技术。

"深海一号"大气田——陵水 17-2 气田，在海南岛东南方向 150 千米处建成投产，犹如镶嵌在海平面上的一座橙黄色的钢铁浮城，这是全球首座十万吨级深水半潜式生产储油平台。在海平面之上，是有相当于两个标准足球场大、40 层楼高的"机器岛"，拥有 30 年不回坞持续生产能力，设计疲劳寿命达 150 年，可抵御百年一遇的超强台风，搭载近 200 套关键油气处理设备，总质量超过 5 万吨，使用电缆长度超过 800 千米，可以环绕海南岛一周；海平面之下，16 根锚链穿越 1500 米深水直插地表，东西跨度 50 千米的海底分布着 11 棵水下采气树和错综复杂的海底管线，生产区管线长度超过 6 万米。

　　"深海一号"平台下部船体采用全球首创的立柱储油技术，科学家和工程师借助"保温瓶内胆"的理念，在立柱中设置了4个5000立方米的凝析油舱，最大储油量近2万立方米，实现了凝析油生产、存储和外输一体化功能，形成独具特色的"半潜式平台＋水下生产系统＋海底管道"深水油气田开发模式，打造成深水设施"供应链"和深水制造"联合体"，带动"全链条"能力提升。

　　2021年6月26日，随着水下机器人顺利开启水下油气阀门，油气通过水下管汇进入生产处理系统，海面火炬点燃，我国首个1500米深水的自主大气田"深海一号"正式投产通气，这是中国海洋石油工业发展史上的重要里程碑，亦是我国迄今为止自主发现的水深最深、勘探开发难度最大的海上超深水气田，天然气地质储量超过千亿立方米，最大井深达4000米以上，标志着我国深海油气勘探开发从水深300米到1500米超深水的迈进取得了重大进展。

　　"深海一号"能源站的建成投用可带动周边陵水25-1气田、永乐8-3气田等多个新的深水气田开发，形成气田群，建成万亿立方米大气区。

参 考 文 献

蔡萌，2022. 大庆油田采油工程主体技术现状及展望［J］. 石油钻采工艺，44（5）：546-555.

刘合，孟思炜，苏健，等，2019. 对中国页岩气压裂工程技术发展和工程管理的思考与建议［J］. 天然气工业，39（4）：1-7.

刘合，郑立臣，杨清海，等，2020. 分层采油技术的发展历程和展望［J］. 石油勘探与开发，47（5）：1027-1038.

马双才，等，2006. 让地下石油见青天：石油开采［M］. 北京：石油工业出版社.

孙龙德，伍晓林，周万富，等，2018. 大庆油田化学驱提高采收率技术［J］. 石油勘探与开发，45（4）：636-645.

万仁溥，2016. 中国采油工程［M］. 北京：石油工业出版社.

万仁溥，2003. 采油工程手册. 精要本［M］. 北京：石油工业出版社.

王德民，2001. 走向新世纪的大庆油田开发：王德民院士报告论文集［M］. 北京：石油工业出版社.

吴奇，2017. 井下作业工程师手册［M］. 北京：石油工业出版社.

吴奇，2022. 采油工程方案设计［M］. 北京：石油工业出版社.

张玉荣，2011. 国内分层注水技术新进展及发展趋势［J］. 石油钻采工艺，33（2）：102-107.

郑新权，师俊峰，曹刚，等，2022. 采油采气工程技术新进展与展望［J］. 石油勘探与开发，49（3）：565-576.